中共山东省委党校（山东行政学院）2024 年重大项目攻关创新科研支撑项目（LDA 主题模型分析在文本分析中的应用）成果（项目编号：2024CX126）

LDA 主题模型分析在文本分析中的应用

窦玉鹏◎著

中国海洋大学出版社

·青岛·

图书在版编目（CIP）数据

LDA 主题模型分析在文本分析中的应用 / 窦玉鹏著 .

青岛 ： 中国海洋大学出版社，2024. 9. -- ISBN 978-7
-5670-3996-4

Ⅰ . TP274

中国国家版本馆 CIP 数据核字第 2024ZR4717 号

LDA 主题模型分析在文本分析中的应用

LDA ZHUTI MOXING FENXI ZAI WENBEN FENXI ZHONG DE YINGYONG

出 版 人	刘文菁		
出版发行	中国海洋大学出版社有限公司		
社　　址	青岛市香港东路 23 号	邮政编码	266071
网　　址	http://pub.ouc.edu.cn		
责任编辑	郑雪姣	电　　话	0532-85901092
电子邮箱	zhengxuejiao@ouc-press.com		
图片统筹	寒　露		
装帧设计	寒　露		
印　　制	定州启航印刷有限公司		
版　　次	2024 年 9 月第 1 版		
印　　次	2024 年 9 月第 1 次印刷		
成品尺寸	170 mm×240 mm	印　　张	7.75
字　　数	132 千	印　　数	1～1000
定　　价	88.00 元		
订购电话	0532-82032573（传真）　　18133833353		

发现印刷质量问题，请致电 18133833353 进行调换。

纵观文本分析研究的演化进程，文本分析已经形成以下几种基本范式。①借助特定理论框架与理论视角对文本对象的阐释，即分析者基于特定理论框架与理论视角对文本进行思辨，聚焦文本的内容特征、形式特征以及修辞与话语，进行文本关联情景、内容变迁、演化机制的分析。②基于头脑风暴的文本内容分析。这种范式通过专家的编码或打分，采用头脑风暴的方式提出基本的文本分析框架并制定分类维度与内容编码的标准，测度文本的基本单元和内涵。其是一种研究文本形式特征和内容特征的组织化分析方法。研究切入点不仅涉及关键词共现、关键词聚类等核心变量，还涉及文本关联情景等方面。③基于文本挖掘技术文本分析。文本挖掘针对文本的词项分布与多主题分布两维度特征，通过共性词分析与话语分析对文本内容的复杂性进行降维，以贝叶斯概率分布的形式表征文本集中主题的分布，从而形成主题聚类。其凭借机器学习能够高效地完成文本内容多种维度的特征识别与信息抽取，探知文本主题内容变迁与强度变迁的演化趋势。

传统的阐释分析与组织专家进行分析的文本分析方式，缺乏对文本本身的高维、复杂的词汇进行分类和聚类等的定量分析，且掺杂了分析者的主观度量，因此文本分析方法所产生的结果缺乏稳健性。而基于文本词频、形式特征、内容特征、话语分析的 LDA 主题模型的分析方法所提供的主题归纳方法可以弥补传统分析方法的不足。这是因为 LDA 主题模型基于定量的词袋分析方法对文本进行语义降维与主题探索，在一定程度上保证了分析结果的可信性与稳健性。具体而言，LDA 主题模型具有可重现的分析步骤，其在语义降维方面将文档中的词汇聚类为主题，并将分散的主题聚类为主题网络，在此基础上将文本主题结构及其分布以量化的方式展现，以宏观的结构挖掘出文本集的潜在语义关系。此外，LDA 主题模型的分析路径的可重复性也使得其对大规模语料库具有主题抽取的适用性特征。

特别是非结构化和嘈杂的文本的绝对规模的增长为使用主题建模降低数据规模提供了充分条件。这是因为基于概率生成模型的主题模型，能够以文本中的少量关键词汇分布代表所研究的文本集合的主题分布，因此 LDA 主题模型分析正愈发成为文本分析的重要方法。正是基于这样的考虑，笔者产生了聚焦 LDA 主题模型分析在文本分析中的应用的研究兴趣，本书正是这一研究兴趣驱动所产生的成果。

基于以上考量，将 LDA 主题模型分析在文本分析中的应用作为本书研究的中心问题。在解决这一问题时，着重从以下三个方面进行了分析：① LDA 主题模型分析方法嵌入特定的文本能够提炼出什么，即 LDA 主题模型分析在文本分析中的应用目标与目标实现的基础。②基于 LDA 主题模型对所研究文本集合的主题内容演化与强度演化的分析。③ LDA 主题模型分析的理论操作路径是怎样的以及如何设计具体的路径。全书的论述正是围绕这三个问题展开的。

1.LDA 主题模型在文本分析中应用的目标从主题模型到知识生产

LDA 主题模型在文本分析中应用的目标是通过一系列可重现的分析步骤将非结构化文本转换成具有抽象特征、分布特征的主题知识。具体而言，LDA 主题模型借助符号媒介，系统分析、比较和归纳文本所蕴含的词语特征、结构特征及语言逻辑，高效地识别、梳理文本中的主题强度与主题变化规律，从而以归纳与演绎等方法实现知识生产。在具体操作上，LDA 主题模型集成了多层的贝叶斯模型，能够根据文本词语之间的分布特征归纳文本的主题特征与主题分布。例如，通过 LDA 主题模型分析特定议题的政策文本并进行主题强度、主题内容及主题分布等方面的分析，可以提取政策文本中的政府职能信息，从而进行中央和地方政府职能的匹配性、对应性研究。

具体而言，LDA 主题模型是一种无监督学习的主题模型，它可用来捕获文本中的主题结构。LDA 假设一个文档由多个主题组成，每个主题又由若干单词组成。在这个模型中，每个词都被赋予属于某个主题的概率，并由此推导出每个文档的主题分布以及每个主题的单词分布。LDA 主题模型在文本分析中应用的目标，从主题模型到知识生产主要包括以下任务。

（1）识别出语料中到底包含了哪些隐含的主题。

（2）在隐含主题中有哪些相关词，可以通过这些相关词对隐含主题进行探索。

（3）得到不同主题在一篇文章中的概率发布，依据概率将该文章划入某一主题。

2.LDA 主题模型分析在文本主题内容演化与主题演化的分析中的应用

大规模的文本集在时间轴上会呈现文本主题的变化趋势，其主题隐约表现出随时间发展的内容变化与强度变化。清晰有效地呈现文本集在时间轴上的主题演化是文本分析的重要目标。LDA 主题模型在文本分析中的应用就实现了文本分析的这个目标，其主要集中于对文本集进行主题的内容演化和强度演化两个方面。

（1）文本集的主题内容演化与强度演化。对文本集主题的分析主要包括分析主题的内容演化与强度演化。文本集主题内容的演化主要指文本集在时间轴上所呈现的文本主题的变迁，其表现为新主题的出现、已有主题的消失、新旧主题的融合等发展性变化，即表示主题的词语和词语的分布概率的变化。例如，在地方政府工作报告文本中，特定议题会随着地方党政主要负责人注意力资源配置的变化而在报告文本中发生概率偏移。文本集主题强度的演化是指文本集中特定主题强度随着时间推移所呈现的变化。例如，在政府工作报告文本中，对特定议题产业集群的关注会随着经济发展关注重点的变化而产生提及频率的变化，而这种变化往往代表着决策主体对特定产业集群注意力资源分配的变化。

（2）文本集主题内容演化与强度演化的测度方法。目前 LDA 主题模型在测度主题内容演化与强度演化时主要采用将时间轴作为观测变量应用到对文本集的 LDA 主题模型分析中的方式。具体而言，首先对整个文本集使用 LDA 主题模型分析从而生成整个文本集的主题分布与主题网络，然后将文本集按照时间轴进行序列排列，根据对文本的预分析选取时间节点进行符合文本分析目的的阶段划分，在每个阶段窗口上运用 LDA 主题模型获取主题的分布，最后将时间窗口上的主题分布与时间序列合并，测度出主题内容演化与强度演化趋势。

3. 科学的研究方法必然具有特定的程序与操作路径

典型的 LDA 主题模型分析步骤如下。

（1）围绕特定研究问题收集丰富的文本。文本分析不仅仅要求围绕相关研究问题或假设收集丰富的文本，而且要关注文本背后丰富的细节，并将其相关的情境予以摹写。

（2）进行文本集预处理，对所收集到的文本集进行无效数据清理。

（3）利用 LDA 主题模型对所收集到的特定议题的文本进行主题降维与潜在主题挖掘。具体地讲，在这一过程中，LDA 主题模型对特定议题的文本集合应用了三层贝叶斯概率模型。按照由宏观到微观的维度推进，三层贝叶斯概率分布分别是每个文档所包含的主题分布服从潜在狄利克雷分布，每个主题对应的词分布服从潜在狄利克雷分布，文档 – 主题的分布参数和主题 – 词的分布参数服从潜在狄利克雷分布。

（4）利用困惑度确定所收集到的特定议题的文本的最优主题数目。本书采用困惑度指标计算最优主题数目，主要通过综合评价主题数目与困惑度数值的下降幅度来综合确定最优主题数。

（5）概念化，即在主题聚类的基础上收集所有主题变量形成变量域，并通过已有理论视角的观照形成主题意义更加明确的概念。在概念化过程中，LDA 主题模型分析为概念的建立提供了两种支持：一种是通过对主题的聚类为概念化提供了基础变量选择；另一种是通过对主题建立主题图谱为相关概念的提炼提供了理论线索，从而保证了知识产出过程的严谨性与有效性。

寒来暑往，从研究立意算起，本书耗时近两年。在研究立意之初，笔者就确定了以 LDA 主题模型应用于文本分析的应用目标、应用路径设计、主题强度与主题演化规律为研究重点。然而"知易行难"，第一个难点是利用所收集到的文本进行分析存在话语语义识别的困难，经过数据清洗与数据分析后信息失真。第二个难点是面对所分析的文本LDA 主题模型如何确定主题数，并且保证所确定的主题数对所分析的文本具有代表性。应对这些难点，需要对理论、方法和工具的整合与创新予以突破，不断思考与实践。在利用相关理论与方法将 LDA 主题模型应用于文本分析的过程中，笔者渐渐明白理论研究过程中方法创新的重要性，应该根据技术的发展不断地对已有的研究方法进行改进并增强知识生产的有效性，从而为更好地使用大规模数据生产知识提供有效工具。

目　录

第一章　LDA 主题模型分析的目标：从主题识别到知识生产

　　人类学习的重要途径就是总结过去的经验或其他人的经验形成案例，分析产出知识，并用于对未来情景的分析、决策。比如，通过对已有舆情事件发酵过程中网络评论文本的收集，研究舆情发展过程中的主题变迁与发展关键节点，从而形成舆情管理的知识，可以为下一步的舆情管理提供分析、判断、决策的理论框架。在互联网时代，文本所承载的数据已经成为社会中的重要元素，特别是随着网络技术的迅速发展，文本愈发具有规模性、高速性、多样性特征，即文本数据扩容迅速、文本数据类型丰富、交叉与聚合明显，这对快速分析文本从而提取有用知识提出了更高的要求。由于文本具有逻辑结构与情景描述，因此进行文本分析时会面临噪声降噪、维数选择等问题，这些问题的解决离不开对文本结构特征、主题网络关系的探索。

　　面对文本分析的种种困境，LDA 主题模型分析方法在文本分析中的优势已经被越来越多的学者注意。LDA 主题模型分析方法主要以政策文本、舆论文本、科技文本集、工作日记以及行为过程记录等文本为分析对象，通过词汇到主题的数据化转换提取能够表征文本集的主题，具有其他文本分析方法所不具备的优势。比如，对特定科技领域的技术文本进行主题识别，有效判断出具有重大创新价值的前瞻性知识，可为企业技术战略制定提供情报知识。

一、机器学习中的 LDA 主题模型

（一）用于文本分析的 LDA 主题模型

在机器学习领域，线性判别分析与潜在狄利克雷分布这两个常用模型的简称都是 LDA。线性判别分析的英文全称是 Linear Discriminant Analysis，是一种在模式识别、人脸识别领域广泛应用的监督学习方法，其基于"最大化类间均值，最小化类内方差"的原则，通过投影的方式去除数据冗余，从而实现同类数据尽可能集中（距离近，有重叠），不同类数据尽可能分开（距离远，无重叠）的类型化处理。潜在狄利克雷分布的英文全称是 Latent Dirichlet Allocation，其是一种以潜在狄利克雷分布的形式表征文本集中的主题并对所得出的主题分布进行内容变迁与强度变迁分析的模型方法。

LDA 主题模型是一种文本主题建模算法，它可以自动地将一篇文档中的词语划分到多个主题中。在 LDA 主题模型中，文档被表示成词语的集合，每个主题被表示成一组相关的词语的集合，而每个词语有可能属于不同的主题。具体来说，LDA 主题模型将文档表示为多个主题的概率分布，而每个主题被表示为多个词语的概率分布。在模型的训练过程中，LDA 主题模型会根据训练文档中的词语分布，不断地调整每个文档的主题分布和每个主题的词语分布，以找到最能够解释训练文档的主题模型。

LDA 是一种包含词、主题和文档三层结构的使用三层贝叶斯概率分布进行文档主题生成的模型。其假设文档的生成是一个以一定概率选择词语形成主题，然后以一定概率选择主题形成文本的过程。通俗地讲，文本集中的每一篇文档都是由若干主题按照一定的概率分布形成的，因此文档中的主题服从潜在狄利克雷分布；主题分布中的每一个主题都是由若干词语按照一定的概率分布形成的，因此主题中的词语服从潜在狄利克雷分布。

从宏观的维度审视用于文本分析的 LDA 主题模型，会发现 LDA 主题模型主要有以下特点：LDA 主题模型是一种无监督学习算法，不需要事先标注训练数据，因此适用于处理大量未经标记的文本，以发现文本数据中的主题结构与内容，从而呈现大规模文本集合中隐藏的语义信息。但 LDA 主题模型建构于典型的词袋模型基础上，其不考虑词序的特性虽然提升了文本分析的可计量性，但忽略了词语的顺序信息，可能损失一部分语境信息。此外，其基于共性词语的分析，导致在处理大规模文本数据时，由于文本的稀疏性使词频较低的词语无法作为建模信息。

（二）LDA 主题模型分析在文本分析中的运作原理

LDA 主题模型分析在文本分析中的运作原理实际上是通过调节参数 α 不断趋近词语生成主题的潜在狄利克雷分布，通过调节参数 β 不断模拟主题生成文档的潜在狄利克雷分布，最终随机生成与原文档没有关系的数篇文档。通过判断生成文档和原文档的相似性来寻找参数 α 和 β 在模型中的最优解。LDA 主题模型分析方法运作原理如图 1-1 所示。

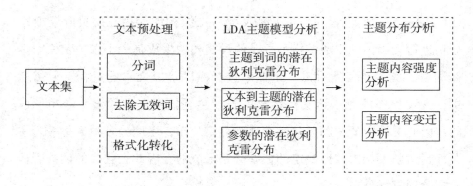

图1-1　LDA主题模型分析方法运作原理图

二、LDA 主题模型分析在文本分析中的主要应用方向

文本分析的目的是利用特定的程序与步骤从文本表层深入文本深层，从而在大量的文本数据中找出其中隐含的深层意义。LDA 主题模型分析正好可以实现文本分析的目的。这是因为文本中的主题是一种表征文本逻辑关系与层次结构的知识库，其以一定的主题网络组织了无序、非结构化的文本词汇。传统的文本主题分析方法如共词分析方法虽然能够显示文本中词频的数量排序，但难以解释文本中文档、词汇、主题之间的逻辑关系。而 LDA 主题模型可以以主题为单元构建文档、特征词、主题之间的分布关系，通过描述非结构化文本信息的主题分布特征，展现文本内容特征与语义关系。特别当文本集合涉及跨专业学科时，利用 LDA 主题模型以概率分布的形式展示基于文本集抽取的主题网络，将主题复杂、关联性差的文本词汇进行结构化组织，能有效提升知识生产与实践推理的效率。正因为 LDA 主题模型具有的可以有效挖掘文本内容特征的优势，LDA 主题模型普遍使用在文本分析中的主题探索、情感分析等方向上。

（一）主题探索

在主题探索方向上，LDA主题模型主要用于对文本的主题发现、主题演化分析上。LDA主题模型以潜在狄利克雷分布挖掘文本的特征，能够将文本集合转换为主题呈现，从而实现主题发现功能。LDA主题模型将文本集合排列在时间轴上，分析主题的内容变迁与强度变迁，从而实现主题演化分析的功能。LDA主题模型可以高效与客观地从大规模文本中提取主题网络，主要用于科技文本集的主题发现、用户生成内容的主题探索、新闻报道的主题识别、政策文本的主题识别等。

1.科技文本集的主题发现

科技文献是主张某种科学发现以实现技术传播与知识生产目的的重要载体，主要包括科技论文和科技报告等。传统的依赖词频统计、共词分析、引文分析等的主题发现方式缺乏大规模、高效率的处理文本能力。而LDA主题模型通过对科技文献的主题建模，能够从大规模的科技文献文本中实现有效的主题探索，比如滕飞、张奇、曲建升等（2023）基于新能源汽车的世界专利数据库（PCT）文本，以核心专利竞争力的词库为基础应用LDA主题模型分析，从主题强度、主题共现等维度识别新能源汽车的关键核心技术，为把握特定领域技术发展重点和技术突破方向提供了方法论。①

科技文献的主题探索以主题发现为主要目的，其重在把握科技主题的动态发展规律。在科技文献的主题探索中，如何能够更好地发现科技文献中的核心主题一直是研究热点，以往人们对科技文献的主题探索做

① 滕飞，张奇，曲建升，等.基于专利竞争力指数和Doc-LDA主题模型的关键核心技术识别研究——以新能源汽车为例 [J].数据分析与知识发现，2023，11：1-19.

了诸多尝试：有人引入引文信息以丰富主题识别素材，如对特定研究领域的科技论文的主题提取时，可以对其使用的引文进行主题分布网络的分析，以增强对特定研究领域的科技主题发展规律的挖掘，为识别科技发展主题的分裂和融合路径提供了认知工具；有人借助既有理论框架的理论元素来增强主题探索的关注点，比如针对石墨烯专利文献，在使用LDA主题模型分析的基础上，通过构建科技主题的创新程度指标来寻找石墨烯技术的新的研究方向；还有人将特定研究领域的科研主题演化在时间轴上展开，从而形成科研主题的时间序列分布，然后进行分析，比如以特定研究主题的科技论文为分析对象，在使用LDA主题模型分析获取时间轴上的主题分布的基础上，通过时间演化分析获得特定领域主题的热度变迁，然后利用时间序列与主题分布特征进行建模。综上可以看出，LDA主题模型分析在科技文献的主题探索上的应用改进了传统的科技文献的主题研究方式，其以词汇和主题进行主题模型训练，从而学习不同科技主题下研究方向与研究热度的变化，有效提升了科技文献主题挖掘的效率与质量。

2.用户生成内容的主题探索

用户生成内容的主题探索对面向顾客的机构通过客户回馈学习改善服务内容与产品结构具有重要现实意义。因此，LDA主题模型分析对用户生成内容的主题演化分析主要面向用户话题的内容变迁与强度变迁，以期通过主题演化分析、挖掘用户对产品与服务的反馈与期望，有重点地提升产品与服务品质。LDA主题模型分析在用户生成内容的主题探索中，主要以用户评论为数据源，通过将用户评论文本集合中的特征词提取形成表征用户偏好的图谱，从而有效识别用户特征、偏好特征等。但是，用户生成内容篇幅短小、所用词语口语化，使得对其进行文本分析存在主题抽取困难，难以形成主题网络。面对文本的以上特征，通用的解决方法是通过信息整合来增加文本长度或引入情感分析方法。比如黄琳、王丽亚、明新国等（2022）基于在线评论潜藏大量客户需求的价值判断，利用客户画像与服务画像的先验知识引导产品特定主题的识别，为产品服务需求识别提供 LDA 主题模型的应用路径。①

3. 新闻报道的主题识别

将 LDA 主题模型分析用于新闻报道等的主题发现，可以及时掌握舆论发展的动向，从而为有效进行舆论管理、意识形态构建提供承载点。新闻报道所面对的舆论场极具动态性与复杂性，因此宣传效果能否实现实际上取决于在新闻报道与舆情的互动演化过程中能否把握关键节点以及能否嵌入关键印象。通过 LDA 主题模型识别新闻报道与舆情反馈，能够识别出新闻报道与舆情演变互动过程中的关键人物与舆情传播中的关键节点，为有效管理舆情提供关键支撑。在新闻文本的主题演化分析中，LDA 主题模型可与其他模型与方法结合，利用特征检测方法优化特征词的主题表示能力，提高演化分析的准确性。比如曾子明、王婧（2019）从所定义的用户可信度和微博影响力特征变量出发，利用 LDA 主题模型提升谣言的识别率，去除文本中存在的噪声，通过提高主题特征识别的精准性，确保主题演化分析结果的准确性，有助于提升对网络谣言的应对能力。②

① 黄琳，王丽亚，明新国. 基于改进的 LDA 模型的产品服务需求识别 [J]. 工业工程与管理，2023，28（1）：42-50.
② 曾子明，王婧. 基于 LDA 和随机森林的微博谣言识别研究——以 2016 年雾霾谣言为例 [J]. 情报学报，2019，38（1）：89-96.

4.政策文本的主题识别

政策文本是决策主体为解决特定政策问题或实现特定的政策目标而对治理资源所做出的分配的文本。政策文本有其特定的文本结构、文本话语与组织结构。因此，LDA 主题模型应用于政策文本中的主题识别需要充分考虑政策文本中主题、结构、情景之间的特殊关系，更多地从公共政策研究的理论、概念入手进行政策文本的主题发现。比如有学者利用 LDA 主题模型对历年中国政府工作报告的文本集进行文本分析，识别出政府工作报告中的主题及其对应的特征词，然后挑选主题并对其特征词的词频加以统计，以反应治理主体在某方面的资源投入水平的变化。

此外，在政策文本的主题演化分析中，LDA 主题模型可以从主题演化、主题强度方向进行政策文本的量化分析，从而有效识别出政策目标变化、政策工具使用等政策内容变迁规律，为政策制定提供决策支撑。比如杨慧、杨建琳（2016）基于气候政策文本，从词频分布、主题演化等维度对中国、欧盟、美国的气候政策进行了主题挖掘与比较，从而为相关政策的完善提供了参考。①

（二）情感分析

在情感分析方向上，LDA 主题模型分析主要用于挖掘文本集中词汇所具有的情感色彩，从而在主题聚类的基础上识别相关主题的情感态度分布。文本中情感的显现依托于文本中的语境，相同的词语在不同的语境下会呈现不同的情感取向。因此，LDA 主题模型分析用于情感分

---

① 杨慧，杨建林 . 融合 LDA 主题模型的政策文本量化分析——基于国际气候领域的实证 [J]. 现代情报，2016，36（5）：71-81.

析时需要结合具体情感语境与已有的情感分析理论。比如邱泽国、贺百艳（2021）针对微博文本的高维、稀疏特性，将 LDA 主题模型、主成分分析、情感分析三种方法结合，旨在高效地挖掘主题，刻画舆情事件周期中的话题演化过程，从而更好地进行舆情管理。[①] 也有研究直接采用联合情感与行为的主题模型，结合用户的情感与互动行为模式进行复杂主题发现，主题建模结果表现出很强的差异性。比如在线话题情感识别模型利用时间轴上的情感强度变化构造时间维度的情感变化曲线，使用相对熵方法动态识别文本中的主题情感变化，从而提高舆情预警能力。

三、由主题识别到知识生产是 LDA 主题模型应用的目标

提高文本分析有效性的可行方法是通过设置与分解分析目标来布局文本分析与知识生产的路线。目标就像设计图纸，对文本中应用的方法具有指引作用，它赋予所研究文本集在知识生产上具有可重现的生产路径与知识产出。目标的选择有助于所研究文本资料的组织化，即从主题的特征入手，将观察到的特征置于已有的理论框架中，将所研究文本资料发现和一般知识生产之间建立联系，发现特殊知识生产和一般知识生产的关系。

从主题识别的维度看，以寻求知识生产为目标的 LDA 主题模型分析，不是单纯地追求文本中特定主题的识别，而是通过主题网络的构建来呈现文本集合的关键特征。对于特定议题的文本集而言，LDA 主题模型分析所挖掘出的文本集中的主题在知识生产中并非都起着同等重

---

① 邱泽国，贺百艳.基于 PCA-Spectral-LDA 的网络舆情聚类和情感演进分析：一个微博文本挖掘研究 [J].系统科学与数学，2021，41（10）：2906-2918.

要的作用。LDA 主题模型分析以文本集为基础，以专业的逻辑对资料进行取舍、比较，在复杂丰富的文本中，发现重要的影响关联。因此，LDA 主题模型所进行的知识生产将具有关键作用的主题关联，经由概念到理论的加工，从而完成关于特定议题的文本集。从知识生产的维度看，文本分析者运用 LDA 主题模型从进行主题识别再到完成知识生产的目的，是试图发现一种可以加入整体知识生产体系的特征，即透过所研究文本资料，发掘隐藏在背后的、具有聚类意义的知识。

具体而言，LDA 主题模型应用于文本分析的目的是知识生产，其将特定议题的文本作为证据，通过主题识别、概念化产生有关文本集基本关系、基本特征、基本范型的知识。在具体应用上，LDA 主题模型由主题识别到知识生产的应用目标具体表现为针对所研究文本集和已有的理论框架找到所分析文本集的主题特征以及这些主题产生的机制。比如李文军、李巧明（2022）将 LDA 主题模型分析与企业模式 - 绩效的机制联系嵌入对数字创意产业的创新指数的研究中，改变了过去以专利技术数据评价创新绩效的传统做法，为证明商业模式与企业创新绩效的关系提供了新视角。[①] 因此，通过主题识别进而形成知识生产是 LDA 主题模型分析的基本目标，该基本目标中含有主题识别与知识生产两个具体的分支目标。

（一）从主题识别到知识生产的意义

在充分理解了利用 LDA 主题模型分析完成从主题识别到知识生产的过程和面临的挑战后，还需要进一步思考：利用 LDA 主题模型分析

---

① 李文军，李巧明. 数字创意产业的技术创新与商业模式创新对企业绩效的影响——基于 LDA 法的创新测度与计量检验 [J]. 重庆社会科学，2022（7）：67-83.

完成从主题识别到知识生产有什么重要意义？

从主题识别到知识生产，LDA主题模型分析并不是一种以主题识别演绎为核心的分析方法，而是扎根于文本集合与其相关情景的分析，发现所分析对象规律以及完成从主题识别到知识生产的分析方法。因此，LDA主题模型分析在文本分析中应用的意义就在于找到文本集合与主题识别之间的桥梁，实现从文本集合的主题识别向知识生产跃迁。

具体而言，LDA主题模型分析在文本分析中应用的意义在于从选定的文本资料中，形成超越文本集的主题识别与知识生产，即在文本资料与主题识别之间形成一条完整的主题识别解释链条，在文本集合端，超越文本集形成主题识别，在主题识别端，形成合适的聚类标签实现知识生产。

（二）从主题识别到知识生产的动态平衡

LDA主题模型分析的目标是从主题识别到知识生产，因此需要形成从文本收集、主题抽取、概念化构建到知识生产的一系列步骤。具体而言，LDA主题模型在文本分析中应用需要在所识别主题与已成熟的理论框架之间建立关联，从而使所研究文本资料可以在已有理论框架下产生概念化、理论化的理论元素与理论逻辑，特别是系统展现零散多样的独立主题的关联，聚类从而形成特定议题知识生产中的累进性优势。

从主题识别到知识生产，文本资料与主题的动态平衡是贯穿于整个研究过程中的。这种"动态平衡"主要体现在以下几个方面。①特定研究选题是否可行主要取决于对特定议题的文本集合的收集丰富与否，这是因为研究选题虽然在研究路径与研究方法上已经具备科学研究的特征，但如果文本集合收集不充分研究就会陷入"巧妇难为无米之炊"的境地。②在文本集中进行从主题识别到知识生产的科学探索需要不断与研究问题进行对话，思考研究问题的特征、机制如何从文本集中进行阐释，已有文本集、主题识别方式是否能够给予研究问题足够的解释，从而不断增强文本集主题识别对研究问题破解的支撑作用。其步骤如图1-2所示。

从图1-2中可以看出LDA主题模型分析应用于文本分析要特别注意以下方面。

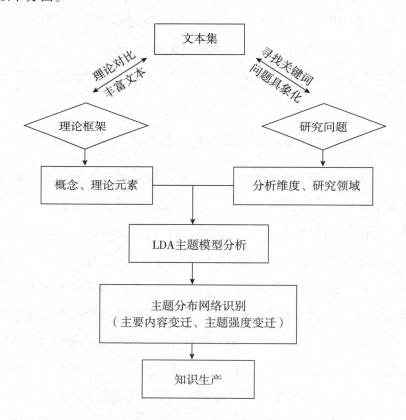

图1-2　从主题识别到知识生产的路径图

1. 完成特定议题的文本集合的收集工作

特定议题的文本集合的收集工作主要包括确定特定议题的文本资料的来源范围、确定与特定议题相关的主题范围并进行相关情景的研究、确定相关的理论框架与研究视角、确定特定议题的文本资料的关键搜索词。在特定议题的文本集合的收集上，需要考量所收集文本集在主题识别上的"生长潜力"。这就需要不断评估所收集文本集具备主题知识生产的可能性，特别是发现文本集在哪些主题上更具知识生产的潜力与价值。此外，不断评估所收集文本集的知识生产可能性，可以进一步驱动并指导为追求从主题识别到知识生产的目标而进行的追踪调查，从而滚雪球似的收集并积累新的文本集。

2. 研究问题与主题识别的对话

在 LDA 主题模型分析所进行的从主题识别到知识生产的研究过程中，研究问题与主题识别的张力是始终存在的。LDA 主题模型分析的研究思路一般是首先由研究问题带动文本收集，其次从文本集合进行主题识别，最后从文本集中通过主题识别探究研究问题的表现、特征、运行机制等。对于海量的文本集材料，这种分析路径可能引发主题识别不能支撑起研究问题的问题，或者直接从文本集中发现诸多新概念、新词汇的线索等。总之，这种研究模式存在主题识别与研究问题脱节的缺陷。为避免 LDA 主题模型分析过程中产生过分强调研究问题所导致的"研究问题至上，主题识别次之"的误区与"主题识别至上，研究问题次之"的误区，要时刻保持"研究问题"与"主题识别"的对话，适时修正以产生能够承载从主题识别到知识生产的研究问题。第一，在进行文本集的主题识别之前，应当对有关主题的理论框架文献进行梳理以形成研究问题的初步分析框架，这是因为以往的理论框架已经描述了与文本相关的特定对象的概念与理论，借助这些概念与理论可以更加容易获得文本集中的焦点和重点。但是，这种理论框架往往是粗略的、泛化的主题识别框架工具，极易遗漏丰富的文本集资料中含有的其他信息点。第二，基于主题识别进一步丰富文本集，即通过文本集主题识别丰富与主题相关的文本资料，避免从主题识别到知识生产获得依据的渠道的单一性，从而损害在研究问题指导下主题识别的精准性。通过前述步骤，建立具有主题识别性和研究问题针对性的 LDA 主题模型分析方法，可以从丰富的文本集中发现新现象、新知识、新机制、新主题等。

第二章 基于元分析的 LDA 主题模型分析

　　事实上，每年都会有大量聚焦 LDA 主题模型应用的研究产生，这些研究在 LDA 主题模型应用上做出了知识的增量贡献。但遗憾的是，对这些知识缺乏系统的分析，使得这些知识总是处于重复、孤立的状态。这种现象提示我们有必要整合不同 LDA 主题模型应用的研究，从而实现基于 LDA 主题模型分析应用的知识产出的增长。元分析恰恰提供了整合不同应用目的的 LDA 主题模型分析案例的路径，使得基于 LDA 主题模型的具体应用案例展现共性规律成为可能。

　　运用元分析方法对 LDA 主题模型的应用案例进行分析，需要遵循元分析方法的使用原则，即按照一定的框架与路径整合 LDA 主题模型里的知识，使知识之间建立关联，进而根据特定目标，组织多而散的 LDA 主题模型应用案例，以产生知识累积效果。基于元分析对 LDA 主题模型进行分析具有以下作用：①进行定向的类型化分组与定量化的统计分析。聚焦 LDA 主题模型的多个研究成果存在的相同机制，通过质量控制对知识产出的稳健性提供保证。②为揭示新的研究问题取向和开拓新的研究领域提供实现路径。元分析通过多来源知识的对比能发现新的理论线索，揭示未来知识生产的新方向，并据此提出新的研究问题。

③具备可重复性的知识生产程序，能够面对相同的 LDA 主题模型应用案例产生相同的理论知识。上述作用可简单描述为根据已有理论建构扩展性的理论生产途径，通过多情景知识比较，探索具有适度普适性的知识生产机制。

从研究路径的模式化程度上看，元分析技术在理论与情景分析、类型化分组与对知识样本的编码上实现了模式化的安排，即其具有一套具有明确定义的规则体系，并在分析过程中能够将规则转换为固定的分析逻辑。元分析方法面对同方法不同分析对象的 LDA 主题模型分析样本应该得到相同的结果，从而增强了分析结果的客观性，具体表现在以下几点。第一，在理论与情景的分析上，元分析建构了整合的 LDA 主题模型应用中文本集合与理论的对话机制，即基于已有理论识别与选择整合的 LDA 主题模型应用中文本集合变量，并以演绎归纳方式获取其中的关键驱动因素。第二，元分析方法从整合的知识样本的预分析中抽象情景知识，加深对知识样本比较研究的理解，从而为发现核心的 LDA 主题模型应用的路径与方法提供材料支撑。第三，在类型化分组上，元分析方法应用变量式语言，能够非常容易地初步筛选出整合的知识样本的核心特征，并将其转化为理论模型语言，从而将整合的知识样本集中的每一个个体处理为具有特定系列属性的复杂组合。每个整合的知识样本被定义为一系列特征的组合，使用"定性"的标签来界定那些需要突出强调、重点考虑的特定属性组合。这种属性组合有利于整合知识样本内的其他样本，并理解其含有的主题。

一、元分析研究方法的基础机制

元分析方法实际上是将"理论导向"和"变量导向"整体嵌入，从而将整合的 LDA 主题模型应用的样本分解成理论元素与理论逻辑组合的解析性变量体系。以"理论导向"切入，意味着嵌入具有系统性的元素与具有逻辑性的媒介，从而赋予所分析文本以一定特征，即理论导向使所分析文本在结构与意义上始终与语境结合，并为探知所收集的文本"在说什么"提供分析框架。在将整合的知识样本进行深度转化的过程中，需要多次采用类型化分组与组内比较的探索性方式来识别 LDA 主题模型中的重要因素，并降低所整合的知识样本中知识的复杂度。

（一）类型化分组

类型化分组是根据相异的多维特征条件建立分组标准，并根据分组标准将分析对象整合成呈现异质性功能的组态。从定义可以看出，类型化分组实际上是类型化与分类的组合，前者提供可以进行属性组合分类的依据，后者基于属性组合分类的依据进行分类操作。不同类型化分组是若干属性组合并进行选择的结果，即筛选多种条件形成的组合框架的结果。

类型化分组涵盖了多种研究方法和技巧，一言以蔽之，其核心在于将复杂零碎的知识转化成组态，从而使系统化比较成为可能。类型化分组可以通过以下路径实现。第一种路径是通过已有的理论框架进行类型化分组。可以借鉴已有研究形成的类型化范式等提炼出若干类型化分组依据，并通过类型化分组依据的概念化对所研究对象进行类型化分组。第二种路径是通过预设条件进行渐进式探索操作。此路径具有假设—求证—迭代的滚动式路径特征，即根据在收集文本过程中形成的线索对文本分组进行假设，在假设基础上对所收集到的文本进行探索性分类，并在文本分析结果评估的基础上不断对假设进行反馈式迭代。

（二）组内比较

比较作为元分析的基础机制，关注的是研究对象的异质性以及这种异质性背后所隐藏的可以扩展知识边界的理论元素与理论逻辑。

在元分析中，组内比较主要关注差别和变化、多样化情景、知识变量化，为不同视角下进行知识对话研究提供了规范性指导。

（1）组内比较是基于差异性的，差异性及其产生原因的阐释是生产知识产品的基础。比较的目的就是更好地理解这种差别和变化，从而更好地"异中求同"或"同中求异"。

（2）比较对于相似性或差异性的关注不能脱离多样化情景，应基于情景因素分解或剥离进行知识抽象。

（3）知识抽象是对多情景下的相似性或差异性开展分析和建模，从而抽象出其间的变量及变量间的关系。运用变量话语能够有效消解知识样本的知识碎片化膨胀。

二、将元分析方法应用于 LDA 主题模型的方法设计

将元分析方法应用于 LDA 主题模型的方法设计可分为以下步骤。第一，汇总 LDA 主题模型论文形成案例库。第二，从已有论文集中提炼、归纳分组条件。第三，利用分组条件对 LDA 主题模型应用案例库进行类型化分组。第四，利用分组从多维度发现关键因素。第五，产出关于 LDA 主题模型的关键知识。详细方法设计与操作设计如下。

（一）汇总 LDA 主题模型论文形成案例库

1. 汇总 LDA 主题模型论文形成案例库的方法设计

将元分析方法应用于 LDA 主题模型的第一步是用精炼的方式汇总 LDA 主题模型论文形成案例库，并对其进行综合性的宏观描述。具体地说，即以综合性的方式描述不同知识样本的结构，并在汇总过程中通过界定整合的知识样本的调查范围发现接下来的核心关注点的线索。

LDA 主题模型案例库的选择必须经过严密的研究设计。这是因为 LDA 主题模型应用广泛，其案例库中的案例数量庞大，如何进行类型化成为重要的研究方向。如果我们试图在元分析研究中获得具有价值的知识产出，就必须权衡多样化、异质化的 LDA 主题模型案例库。为此可以采取以下策略。

第一，基于扩大研究视野的考虑，知识样本的汇总可采用"理论视角"的分类方法。即从 LDA 主题模型所建构案例库的关联研究文献中的主要理论视角出发，推导出一个混合的理论视角知识样本组合库，并基于知识样本组合库进行知识样本的收集。

第二，保持对整合的知识样本的敏感度。因为基于 LDA 主题模型对不同的议题进行研究必然会造成关注领域的倾向，所以在收集 LDA 主题模型案例时只有保持足够的敏感性才能保证所收集案例的完备性。

由于 LDA 主题模型的应用样本构成了比较与类型化分组的研究基础，因此要对 LDA 主题模型样本汇总保持学术敏感性，这一步骤对于后续知识产出的严谨性与有效性都具有重要影响。

2. 汇总 LDA 主题模型论文形成案例库的操作设计

本书试图展示 LDA 主题模型分析的相关知识图谱，因此按以下步骤选择、整合知识样本。

在知网上选择具有"LDA主题模型"等关键字的论文作为整合的知识样本基础。元分析方法坚持这些整合的知识样本是被建构出来的，而不是随机选择的，这符合元分析方法所强调的一般重点：超越知识样本代表性问题，强调情景和因果结构的多样性。

利用元分析方法对LDA主题模型分析的应用与改进进行分析，实质上是利用元分析方法全景扫描有关LDA主题模型分析应用与改进的知识样本，并通过结构化知识样本、挖掘理论元素等步骤获得LDA主题模型的应用基础、应用领域、应用路径，进而通过研究图谱中的关键变量生产对研究问题具有洞见性的知识产品。众所周知，不同理论视角对理论阐释的信度和效度均有影响，因此对同一整合的知识样本采用不同理论视角进行理论阐释或基于同一类型理论的不同视角抽取理论元素有利于减小测量误差。严格地说，在知网上搜索关于LDA主题模型分析的论文所形成的知识样本集是观察者基于自身研究所形成的知识产品，具有典型的随机选择的统计学意义，因此LDA主题模型利用元分析方法分析有关知识样本所形成的知识产出具有一定的理论代表性。

（二）从已有论文集中提炼、归纳分组条件

1.从已有论文集中提炼、归纳分组条件的方法设计

面对第一步整合的LDA主题模型案例，如何高效提炼、归纳LDA主题模型所含有的隐藏知识成为不得不解决的问题。为此，必须通过类型化分组改进对整合的知识样本的处理方式，即对所收集到的LDA主题模型应用的样本集进行聚类，从而找到核心知识样本以降低分析难度。

元分析方法对所分析知识样本进行分组以降低分析维度。具体而言，元分析方法通过对所分析样本所涉理论框架进行分析来寻找合适的分组线索，并以组内相似与组间差异双重最优的标准来确定分组条件。这样做的目的是在保留所分析知识样本情景多样化的基础上，以最少量的知识样本分组最大限度地保留知识样本中知识的多样化。

简而言之，元分析方法对于知识样本的整合实际上就是在研究主题的基础上以"最大相似"与"最大差异"策略实现知识样本整合的研究设计。"最大相似"策略的系统设计如下：在类型化分组内寻求最大相似性，通过比对整合的知识样本消除与关键知识的生产探索无关的影响因素，从而从结构层面识别关键知识的生产的更"普遍"、更具有"有效性"的解释。"最大差异"策略的系统设计如下：整合的知识样本的显著差异将在类型化分组间出现，并且这些差异将成为未来进行知识生产的重要基础。综上所述，知识样本的整合选择并非简单的程序化操作，而是具有初始研究问题与理论基础支撑的纳入，而且在这个过程中拟整合知识样本数量并非预先设定的，而是根据研究的实际进展对整合的知识样本进行动态地添加或剔除。

2. 从已有论文中提炼、归纳分组条件的操作设计

根据元分析方法对所分析知识样本分组的技术路径与 LDA 主题模型分析的知识样本的全景扫描可得出，LDA 主题模型分析可以从样态的变化、常见分析面向、分析路径的设定等维度确定分组条件。在使用这些分组条件时，其产生了很高比例的理论张力。在这种情景下，不能仅仅依靠情景知识发现具有显著性的分组条件，应基于已有理论框架通过归纳深入整合知识样本知识。这种成熟的"归纳"方法为整合的知识样本构建了简约的类型化分组"操作模型"。

类型化分组的依据要与所研究主题相契合，这种契合可以是学术共同体在研究选题下常用的分组依据，也可以将整合的知识样本间要素的突出特征作为分组依据。基于以上分析，从本书建构LDA主题模型中层理论框架的研究目的维度来看，相关LDA主题模型理论框架与其说是理论，不如说是一种分析视角和分析框架的类型化分组，提供了LDA主题模型驱动因素的不同解释维度。

在类型化分组上主要借鉴了"LDA主题模型的适用与改进""LDA主题模型的具体应用"等维度。

（三）利用分组条件对LDA主题模型应用案例库进行类型化分组

1.利用分组条件对LDA主题模型应用案例库进行类型化分组的方法设计

元分析方法通过定义一系列可能产生某个结果的理论和假设条件进行类型化分组。元分析方法在类型化分组方面具有优势，因为其基于理论与假设形成了一种标准化程序。元分析方法具有的主要功能为面对大量的待分析的知识样本，通过类型化分组降维的方式来减少待分析的知识样本数量。元分析方法的类型化分组过程可以看作匹配整合的知识样本和条件的系统过程。元分析研究方法能够在匹配分组过程中验证关键分组条件，从而在后续分析中进一步定性地解释所整合的知识样本群。

识别关键因素实际上与元分析方法的关键知识的生产的探索性目标相关联。即目标限定于关键知识的探索上而不是证明上，并且所识别的关键因素在结构上与可观察的整合的知识样本不存在矛盾，也没有改变所利用知识样本的任何性质。

2.利用分组条件对 LDA 主题模型应用案例库进行类型化分组的操作设计

元分析方法在分组条件中纳入关键因素识别，有利于为关键因素识别提供基础支撑。首先，元分析方法在分析中纳入了一个反复循环的识别程序，通过追溯并重构关键因素的方式来消除发现的异常关键因素，消除了由编码错误产生误差的可能性。其次，元分析方法聚焦异常的知识样本，分析其情景知识以寻找任何遗漏的关键因素。

在基于元分析方法的 LDA 主题模型中层理论框架建构中，元分析方法采用逐步递进方法来分析在特定情景知识下 LDA 主题模型的关键因素，在关键因素识别转换为清晰值关键因素识别之后，元分析方法为了便于显现与衡量关键知识因素在整体知识样本中的比例，采用编码的方式对关键知识因素进行处理，从而使关键知识因素形成具有一定序列的集合，为下一步的理论建构提供了结构化的知识储备。

按照模式化编码方式，对所获取文献进行编码。样本名称编码采用具有分组特征的情景案例缩写加数字名称的形式（为便于检索，在文中以索引表形式呈现题目与编码的对应关系），理论框架关键因素编码采用样本名称、框架内因素有无、框架外异常因素有无三段式编码方式。

（四）利用分组从多维度发现关键因素

1.利用分组从多维度发现关键因素的方法设计

在元分析方法中利用分组从多维度发现关键因素其实就是综合各组的差异性从而修正已识别关键因素的过程。对所有的知识样本群组的情景知识与关键因素线索进行综合分析，以便充分搜寻所有具有相似性的知识样本，包括在整合的知识样本域中具有相同关键因素与不同关键因素的知识样本。完成此步骤后，就可以对提取出的知识样本的关键因素进行多次的检验与修正，特别是使用滚雪球的研究方法不断地进行前后与组间的关键因素检验等，从而不断地通过对不同知识样本的多样化组合来验证已识别关键因素的稳定性。

元分析方法利用分组从多维度发现关键因素的实质是验证已识别的关键因素是否能成为知识样本分组后重新聚合的核心。具体地讲，元分析方法首先接受所识别关键因素假设，以便从"识别关键因素"阶段进入"审视关键因素"阶段。元分析方法利用分组从多维度发现关键因素并评估了它们相对于整个知识样本而言的合理性，从而能够生产出更具理论基础的关键知识。

2.利用分组从多维度发现关键因素的操作设计

元分析方法利用分组从多维度发现关键因素来评估其符合整合的知识样本的程度。实际上，元分析方法进行类型化分组是以所整合的知识样本属性和已有理论中对类型属性的概念化为基础的。与其他研究方法不同的是，元分析方法并没有止步于从知识样本中发现关键因素，而是以这些关键因素为线索补充与之相关的知识样本，从而从多维度、多层次的不同知识样本中深化对关键因素的理解。

（五）产出关于LDA主题模型的关键知识

1.进行新的知识生产的方法设计

通过以上步骤，元分析方法通过对整合的知识样本中多种关键因素的识别，与整合的LDA主题模型样本对话进而简化以发展新的LDA主题模型理论知识。

元分析方法以多维理论视角对整合的知识样本特征进行分析从而进行知识生产。由于整合的知识样本特征的多元性，因此需要从知识样本的数量设定与变量选择的丰富性两方面设计研究方法与研究路径，以实现算力充分发挥与变量涵盖范围扩大的双重优化。然而，元分析方法本身并不能发展出新理论，其所能做的是在已有理论基础上以新的框架整合特定知识样本集合，并通过归纳与重构的方法实现知识生产。

总之，元分析方法对整合的知识样本与已有理论框架进行了延伸、解构与再建构，并从"整合的知识样本"的多维视角抽象检验"所生产的知识"。

2.进行新的知识生产的操作设计

在 LDA 主题模型中层理论框架中使用元分析方法就是通过"关注已有理论框架"和"整合的知识样本形成的情景知识域"，在最大限度地简化复杂事物的同时挖掘复杂情形下的关键知识的生产逻辑，即 LDA 主题模型中层理论框架的建构实际上就是通过简化的方法整合多维度、多样化、多作用的关键知识的生产。

三、对 LDA 主题模型论文库进行元分析

（一）汇总 LDA 主题模型相关知识样本

由于整合的 LDA 主题模型的知识样本将成为后续进行知识生产的研究焦点，因此对知识样本的选择需要投入更多的关注。本书试图揭示 LDA 主题模型案例样本有无框架外突出因素，因此案例样本选择主要基于以下几个步骤。

第一步，参考 LDA 主题模型理论框架，初步确定 LDA 主题模型知识的涵盖范围。

第二步，在明确界定应用 LDA 主题模型的知识样本后，基于知网选择具有 "LDA 模型" 等关键字的论文作为研究整合的知识样本。这些知识样本通过不同案例揭示了 LDA 主题模型所蕴含的关键知识的生产，并且以多样化的场域应用检验多源流理论的适用性。

第三步，对所获得的知网中与 LDA 主题模型相关的知识样本进行初步清洗，初步理解基于 LDA 主题模型分析方法。研究检索时间为 2009 年 1 月至 2024 年 3 月。根据前一步骤确定的 LDA 主题模型理论框架标准，共获得符合研究设计的文献 65 篇，其中 LDA 主题模型改进 23 篇，LDA 主题模型应用 42 篇。

知识样本集合中主题的抽取采用逐步递进的方式，即依次分析在特定情景知识下 LDA 主题模型的驱动因素。以下分 "LDA 主题模型应用" 与 "LDA 主题模型改进" 对 LDA 主题模型进行编码与关键因素识别。条件 "混合" 成为理论框架建构的基础条件。

（二）对 LDA 主题模型应用文本集进行编码及突出因素分析

对所收集的 LDA 主题模型应用文本从编码、有无框架外突出因素、框架外突出因素的列示等方面进行结构化分析，实现了对 LDA 主题模型应用文本集的可分析的数据化转化，如表 2–1 所列。

表 2-1　LDA 主题模型应用文本集的编码表

情景知识编码	情景知识题目	有无框架外突出因素	框架外突出因素
LDAY001	意义探索与意图查核——"一带一路"倡议五年来西方主流媒体报道 LDA 主题模型分析	无	无
LDAY002	综合 LDA 与特征维度的丽江古城意象感知分析	无	无
LDAY003	基于 LDA 模型的公众反馈意见采纳研究——共享单车政策修订与数据挖掘的对比分析	无	无
LDAY004	融合 LDA 模型的政策文本量化分析——基于国际气候领域的实证	无	无
LDAY005	网络舆情观点提取的 LDA 主题模型方法	有	主题变迁分析
LDAY006	基于 LDA 的微博文本主题建模方法研究述评	无	无
LDAY007	基于 LDA 话题演化研究方法综述	有	主题内容演化与强度演化
LDAY008	基于 LDA 模型的主题演化分析：以情报学文献为例	有	时间轴上的主题强度演化
LDAY009	基于 LDA 主题模型和扎根理论的我国金融科技领域热点主题识别与进展分析	无	无

情景知识编码	情景知识题目	有无框架外突出因素	框架外突出因素
LDAY010	基于 LDA 模型的交互式文本主题挖掘研究——以客服聊天记录为例	有	主题的关联度分析
LDAY011	基于 LDA 的游客感知维度识别：研究框架与实证研究——以国家矿山公园为例	无	无
LDAY012	基于 LDA 模型与 ATM 模型的学者影响力评价研究——以我国核物理学科为例	无	无
LDAY013	基于 LDA 的科研项目主题挖掘与演化分析——以 NSF 海洋酸化研究为例	有	主题演化分析
LDAY014	大数据视野下中央与地方政府职能演变中的匹配度研究——基于甘肃省 14 市（州）政策文本主题模型（LDA）	无	无
LDAY015	基于 LDA 的突发事件应急管理主题热度与演化分析	有	主题强度分析、主题演化分析
LDAY016	政府回应性：作为日常治理的"全回应"模式——基于 LDA 主题建模的地方政务服务"接诉即办"实证分析	无	无
LDAY017	中国慈善政策合作网络与主题热点演化研究——基于 SNA 和 LDA 的大数据分析	有	主题演化分析

续 表

情景知识编码	情景知识题目	有无框架外突出因素	框架外突出因素
LDAY018	情报学论文创新性评价研究——LDA 和 SVM 融合方法的应用	有	主题强度分析、主题演化分析
LDAY019	基于专利竞争力指数和 Doc-LDA 主题模型的关键核心技术识别研究——以新能源汽车为例	有	主题强度分析、主题网络分析
LDAY020	基于 LDA-Word2vec 的图书情报领域机器学习研究主题演化与热点主题识别	有	主题强度分析、主题演化分析
LDAY021	基于 LDA 主题模型的自贸区治理政策文本聚类分析——以辽宁自贸区为例	有	主题强度分析、主题演化分析
LDAY022	科创板注册制下的审核问询与 IPO 信息披露——基于 LDA 主题模型的文本分析	无	无
LDAY023	基于主题词和 LDA 模型的知识结构识别研究	无	无
LDAY024	职场辱虐管理如何影响第三方情绪和行为？——基于文本挖掘以及 LDA 主题模型的大数据分析	无	无
LDAY025	基于 LDA 模型的网络刊物主题发现与聚类	无	无

情景知识编码	情景知识题目	有无框架外突出因素	框架外突出因素
LDAY026	数字创意产业的技术创新与商业模式创新对企业绩效的影响——基于 LDA 法的创新测度与计量检验	无	无
LDAY027	北京市科技金融政策供需匹配研究——基于 LDA 政策文本计量方法	无	无
LDAY028	基于 LDA 主题模型的上市公司违规识别——以中国 A 股上市银行为例	无	无
LDAY029	基于 LDA 主题建模的教师队伍建设改革政策文本分析	无	无
LDAY030	图情领域 LDA 主题模型应用研究进展述评	无	无
LDAY031	基于 LDA 模型的高校师德舆情演化及路径传导研究	有	主题演化分析
LDAY032	基于 LDA 主题模型的信息服务文献主题提取与演变研究	有	主题演化分析
LDAY033	基于 LDA 模型的国家间知识流动分析	无	无
LDAY034	基于 LDA 和 ISM 法从"结构–过程"视角解构政府数据开放能力	无	无
LDAY035	基于 LDA 的企业竞争对手识别模型构建——以蔚来汽车有限公司为例	无	无

续　表

情景知识编码	情景知识题目	有无框架外突出因素	框架外突出因素
LDAY036	基于 LDA 主题模型的网络舆情研究	有	主题演化分析
LDAY037	基于 LDA 模型因素提取的健康信息用户转移行为研究	无	无
LDAY038	基于 LDA 与 DTM 模型的粤港澳大湾区文献主题演化研究	有	主题演化分析
LDAY039	基于 LDA 模型的我国开放公共数据政策供给特征分析	无	无
LDAY040	共同富裕目标下企业社会责任响应策略——基于社会责任报告的 LDA 主题分析	无	无
LDAY041	基于改进的 LDA 模型的文献主题挖掘与演化趋势研究——以个人隐私信息保护领域为例	有	主题演化分析
LDAY042	基于 LDA 的社会化标签综合聚类方法	无	无

LDAY001 金苗、自国天然、纪娇娇（2019）运用 LDA 主题模型对西方主流媒体"一带一路"报道进行了主题聚类分析，从整合主题模型与理论范式的路径出发，勾勒出西方主流媒体关于"一带一路"的舆论地图。[①]

LDAY002 梁晨晨、李仁杰（2020）基于丽江古城的旅游微博文本

---

① 金苗，自国天然，纪娇娇. 意义探索与意图查核——"一带一路"倡议五年来西方主流媒体报道 LDA 主题模型分析 [J]. 新闻大学，2019（5）：13-29，116-117.

运用 LDA 主题模型刻画出丽江古城的意象感知特征，并形成两级特征维度的丽江意象感知研究框架，解析了旅游意象的形成机制。①

LDAY003 杨奕、张毅、李梅等（2019）基于共享单车政策征求意见稿运用 LDA 主题模型进行主题的聚类分析，并通过对比所出台政策文本，评估共享单车政策修订中的公众参与度。②

LDAY004 杨慧、杨建林（2016）基于国际气候领域的政策文本运用 LDA 主题模型进行主题挖掘，并在此基础对我国与美国、欧洲联盟的气候政策进行了对比分析。③

LDAY005 陈晓美、高铖、关心惠（2015）基于网络舆情信息运用 LDA 主题模型从大规模舆情评论中呈现受众关注主题及其演变过程，为舆情管理提供了机制认知支撑。④

LDAY006 张培晶、宋蕾（2012）基于微博文本数据运用 LDA 主题模型及其扩展方式对不同主题类型分析的效果进行了总结和比较，从而比较出 LDA 主题模型在微博文本分析应用的特征与优势。⑤

LDAY007 单斌、李芳（2010）针对话题演化的内容演化与强度演化，总结了将时间信息结合到 LDA 主题模型、对文本集合后离散和先

---

① 梁晨晨，李仁杰．综合 LDA 与特征维度的丽江古城意象感知分析 [J]．地理科学进展，2020，39（4）：614-626．

② 杨奕，张毅，李梅，等．基于 LDA 模型的公众反馈意见采纳研究——共享单车政策修订与数据挖掘的对比分析 [J]．情报科学，2019，37（1）：86-93．

③ 杨慧，杨建林．融合 LDA 主题模型的政策文本量化分析——基于国际气候领域的实证 [J]．现代情报，2016，36（5）：71-81．

④ 陈晓美，高铖，关心惠．网络舆情观点提取的 LDA 主题模型方法 [J]．图书情报工作，2015，59（21）：21-26．

⑤ 张培晶，宋蕾．基于 LDA 的微博文本主题建模方法研究述评 [J]．图书情报工作，2012，56（24）：120-126．

离散三种基于 LDA 话题模型的话题演化评测方法的优势与挑战。[①]

LDAY008 朱茂然、王奕磊、高松等（2018）将 LDA 主题模型与时间序列模型一起引入对情报学文献库的分析中，从而勾勒出不同主题在时间轴上的主题强度演化图，为挖掘文献的主题强度变化提供了方法支持。[②]

LDAY009 胡泽文、李甜甜（2023）基于我国金融科技领域研究文献，综合运用 LDA 主题模型与扎根理论，通过主题识别、编码和扎根分析，对金融科技领域的热点主题进行了主题强度与强化演化的分析。[③]

LDAY010 李莉、林雨蓝、姚瑞波（2018）将保险网站客服聊天记录作为文本库，运用 LDA 主题模型进行分析，发现客户对保险详情等主题的关注度较高，不同主题之间的关联度较强，这些主题挖掘的结论为网站内容设计提供了方向指导。[④]

LDAY011 董爽、汪秋菊（2019）基于旅游网站游客评论文本运用 LDA 主题模型进行游客感知维度及其构成因子等的识别，为工业遗产开发提供了开发方向的参考。[⑤]

LDAY012 赵蓉英、戴祎璠、王旭（2019）将 LDA 主题模型应用于学者影响力评价中，通过核物理学科的实验证明，利用 LDA 主题模型

① 单斌，李芳.基于 LDA 话题演化研究方法综述 [J].中文信息学报，2010，24（6）：43-49，68.

② 朱茂然，王奕磊，高松，等.基于 LDA 模型的主题演化分析：以情报学文献为例 [J].北京工业大学学报，2018，44（7）：1047-1053.

③ 胡泽文，李甜甜.基于 LDA 模型和扎根理论的我国金融科技领域热点主题识别与进展分析 [J].情报科学，2023，41（10）：99-111.

④ 李莉，林雨蓝，姚瑞波.基于 LDA 主题模型的交互式文本主题挖掘研究——以客服聊天记录为例 [J].情报科学，2018，36（10）：64-70.

⑤ 董爽，汪秋菊.基于 LDA 的游客感知维度识别：研究框架与实证研究——以国家矿山公园为例 [J].北京联合大学学报（人文社会科学版），2019，17（2）：42-49.

进行学者评价具有较高的效度。①

LDAY013 王文娟、马建霞（2017）基于 NSF 资助的海洋酸化相关研究项目数据运用 LDA 主题模型进行主题挖掘与演化分析，所发现的主题演化规律对 NSF 海洋酸化项目部署和规划具有数据支撑作用。②

LDAY014 郎玫（2018）基于甘肃省多市政策文本的数据库运用 LDA 主题模型进行主题聚类，并与中央职能进行匹配效率分析，从实证角度佐证甘肃省政府职能演变的内在逻辑与不足。③

LDAY015 张柳、王慧、相甍甍（2023）基于国内外突发事件应急管理的文献运用 LDA 主题模型进行主题强度、主题演化的文献挖掘，科学地展示出国内外突发事件应急管理研究的异同。④

LDAY016 张楠迪扬、郑旭扬、赵乾翔等（2023）基于北京市市民服务热线的诉求文本库运用 LDA 主题模型进行诉求来源等主题挖掘，并对各项主题对政府回应性的强弱影响进行了分析。⑤

LDAY017 曹蓉、刘彦芝、王铮（2023）基于我国慈善政策文本数据运用 LDA 主题模型进行政策合作网络主题热点、主题演化的文本挖

---

① 赵蓉英，戴祎璠，王旭．基于 LDA 主题模型与 ATM 模型的学者影响力评价研究——以我国核物理学科为例 [J]．情报科学，2019，37（6）：3-9.
② 王文娟，马建霞．基于 LDA 的科研项目主题挖掘与演化分析——以 NSF 海洋酸化研究为例 [J]．情报杂志，2017，36（7）：34-39.
③ 郎玫．大数据视野下中央与地方政府职能演变中的匹配度研究——基于甘肃省 14 市（州）政策文本主题模型（LDA）[J]．情报杂志，2018，37（9）：78-85.
④ 张柳，王慧，相甍甍．基于 LDA 的突发事件应急管理主题热度与演化分析 [J]．情报科学，2023，41（6）：182-191.
⑤ 张楠迪扬，郑旭扬，赵乾翔．政府回应性：作为日常治理的"全回应"模式——基于 LDA 主题建模的地方政务服务"接诉即办"实证分析 [J]．中国行政管理，2023（3）：68-78.

掘，解构了慈善变迁的阶段性主题演化特征。①

LDAY018 曹树金、曹茹烨（2022）基于情报学领域的论文样本库，运用 LDA 与 SVM 融合算法，通过主题强度与主题演化识别特定论文的创新性，丰富了论文创新性评价的指标体系。②

LDAY019 滕飞、张奇、曲建升等（2023）基于新能源汽车的技术文本运用 LDA 主题模型通过主题强度、主题关联度、主题凝聚约束系数识别关键核心技术，优化了现有的关键核心技术识别方法。③

LDAY020 胡泽文、韩雅蓉、王梦雅（2024）基于图书情报领域的机器学习论文库运用 LDA 主题模型分析了其主题强度、主题演化，从而识别出机器学习领域的热点主题与新兴主题。④

LDAY021 李磊、李梓阁（2021）基于辽宁自贸区治理政策文本库运用 LDA 主题模型识别主题演化、主题强度与结构特征，通过对比中央对辽宁自贸区的发展要求，明确了地区自贸区治理的政策方向。⑤

LDAY022 俞红海、范思妤、吴良钰等（2022）基于科创板 341 家 IPO 公司两年的样本数据运用 LDA 主题模型进行"信息披露情况"与"审核问询函"的关系研究，研究发现"信息披露情况"与"审核问询

---

① 曹蓉，刘彦芝，王铮．中国慈善政策合作网络与主题热点演化研究——基于 SNA 和 LDA 的大数据分析 [J]．社会保障研究，2023（1）：41-52．

② 曹树金，曹茹烨．情报学论文创新性评价研究——LDA 和 SVM 融合方法的应用 [J]．图书情报知识，2022，39（4）：56-67．

③ 滕飞，张奇，曲建升，等．基于专利竞争力指数和 Doc-LDA 主题模型的关键核心技术识别研究——以新能源汽车为例 [J/OL]．数据分析与知识发现，2023，11：1-19[2023-11-21]．

④ 胡泽文，韩雅蓉，王梦雅．基于 LDA-Word2vec 的图书情报领域机器学习研究主题演化与热点主题识别 [J]．现代情报，2024，44（4）：154-167．

⑤ 李磊，李梓阁．基于 LDA 主题模型的自贸区治理政策文本聚类分析——以辽宁自贸区为例 [J]．吉首大学学报（社会科学版），2021，42（2）：23-34．

函"存在互动相关关系。①

LDAY023 黄月、张昕（2022）运用 LDA 主题模型对基于谷歌学术指标获得的 2014—2018 年数据挖掘领域的顶尖英文期刊的主题词进行了聚类分析，发现将 LDA 主题模型应用于文献计量分析，可以有效地识别具体领域的知识结构。②

LDAY024 曹晨、张卫国、黄俊（2022）分析了网络上关于职场辱虐管理的第三方评论数据，发现职场辱虐管理会导致第三方产生共情等多种情感，并且第三方对于友情、加班、证据收集等分配了更多的注意力资源。③

LDAY025 杨传春、张冰雪、李仁德等（2019）基于网络教育平台的学习刊物运用 LDA 主题模型进行分析，并对 LDA 主题模型应用过程中的模型采样、聚类实验、模型评价等进行了阐释性解析。④

LDAY026 李文军、李巧明（2022）改变过去利用专利数据刻画创新对企业绩效影响机制的传统研究方法，通过应用 LDA 主题模型建构创新综合指数与企业绩效之间关系的计量模型，发现了两者之间的正相关关系以及情景异质性所产生的绩效差异。⑤

---

① 俞红海，范思妤，吴良钰，等．科创板注册制下的审核问询与 IPO 信息披露——基于 LDA 主题模型的文本分析 [J]. 管理科学学报，2022，25（8）：45-62.

② 黄月，张昕．基于主题词和 LDA 模型的知识结构识别研究 [J]. 现代情报，2022，42（3）：48-56.

③ 曹晨，张卫国，黄俊．职场辱虐管理如何影响第三方情绪和行为？——基于文本挖掘以及 LDA 主题模型的大数据分析 [J]. 海南大学学报（人文社会科学版），2022，40（2）：137-147.

④ 杨传春，张冰雪，李仁德，等．基于 LDA 主题模型的网络刊物主题发现与聚类 [J]. 上海理工大学学报，2019，41（3）：273-280，306.

⑤ 李文军，李巧明．数字创意产业的技术创新与商业模式创新对企业绩效的影响——基于 LDA 法的创新测度与计量检验 [J]. 重庆社会科学，2022（7）：67-83.

LDAY027 刘微、王慧、雷蕾等（2023）基于北京科技金融相关文本运用 LDA 主题模型发现北京市科技金融政策可以基本满足北京市科技创新需求。[①]

LDAY028 张熠、徐阳、李维萍（2022）基于近 10 年的 A 股银行年报的分析样本运用 LDA 主题模型进行主题挖掘，经与财务指标等对比发现，主题挖掘的应用对发现银行违规行为有一定的预测作用。[②]

LDAY029 杜燕萍（2022）基于教师队伍建设改革的政策文本库运用 LDA 主题模型挖掘政策主题与政策工具，并对特定主题的区域性差异进行了分析，为地方进行政策阐释提供了科学有效的证据支撑。[③]

LDAY030 张东鑫、张敏（2022）基于 Web of Science 核心集等数据集对国内外关于 LDA 主题模型的应用过程框架与应用领域进行了归纳总结，并指出 LDA 主题模型在处理多模态数据等复杂任务方面的改进方向。[④]

LDAY031 张雷、谭慧雯、张璇等（2022）基于具体的高校师德舆情事件的微博评论数据运用 LDA 主题模型方法，精准识别舆情演化特征与主题热点，为舆情监管和舆情引导提供了方法范例。[⑤]

LDAY032 钱旦敏、郑建明（2019）基于 22 年的国内信息服务论文

① 刘微，王慧，雷蕾，等．北京市科技金融政策供需匹配研究——基于 LDA 政策文本计量方法 [J]．经济问题，2023（1）：52-60.

② 张熠，徐阳，李维萍．基于 LDA 主题模型的上市公司违规识别——以中国 A 股上市银行为例 [J]．审计与经济研究，2022，37（5）：107-116.

③ 杜燕萍．基于 LDA 主题建模的教师队伍建设改革政策文本分析 [J]．系统科学与数学，2022，42（6）：1411-1422.

④ 张东鑫，张敏．图情领域 LDA 主题模型应用研究进展述评 [J]．图书情报知识，2022，39（6）：143-157.

⑤ 张雷，谭慧雯，张璇，等．基于 LDA 模型的高校师德舆情演化及路径传导研究 [J]．情报科学，2022，40（3）：144-151.

运用 LDA 主题模型进行分析，从主题的持续、弱化、新兴等维度绘制主题演变图，识别出近年来信息服务领域中的移动信息服务等热点。[①]

LDAY033 宋凯、李秀霞、赵思喆等（2017）利用 LDA 主题模型分析知识在不同国家间转移的分布状况，从而对国家间的知识流动过程的机制分析做出了知识的增量贡献。[②]

LDAY034 汤志伟、陈瑶、韩啸等（2023）基于国内相关政策文本运用 LDA 主题模型方法进行政府数据开放能力数据要素的挖掘，然后利用系统工程研究方法建构各要素的关系拓扑图，在此基础上对政策数据开放能力的概念进行了重新界定。[③]

LDAY035 冉从敬、李旺（2023）基于目标企业与相同技术领域企业的专利数据运用 LDA 主题模型精准识别竞争对手目前所从事的技术方向，从而为相关企业的技术策略选择提供了情报支持。[④]

LDAY036 李振鹏、黄帅（2020）基于天涯热帖运用 LDA 主题模型进行分析，通过热帖主题占比计算，勾勒出 2015 年天涯杂谈板块的网络舆情地图。[⑤]

LDAY037 张泰瑞、陈渝（2019）基于用户健康信息行为文本利用 LDA 主题模型揭示了以相对感知价值、相对忠诚度为主要影响因素的

① 钱旦敏，郑建明.基于 LDA 主题模型的信息服务文献主题提取与演变研究 [J].数字图书馆论坛，2019（10）：16-22.
② 宋凯，李秀霞，赵思喆，等.基于 LDA 模型的国家间知识流动分析 [J].情报杂志，2017，36（6）：55-60.
③ 汤志伟，陈瑶，韩啸，等.基于 LDA 和 ISM 法从"结构－过程"视角解构政府数据开放能力 [J].数字图书馆论坛，2023，19（2）：10-17.
④ 冉从敬，李旺.基于 LDA 的企业竞争对手识别模型构建——以蔚来汽车有限公司为例 [J].情报理论与实践，2023，46（8）：88-95.
⑤ 李振鹏，黄帅.基于 LDA 主题模型的网络舆情研究 [J].系统科学与数学，2020，40（3）：434-447.

用户转移行为模型。研究显示，所建构的模型与实际理论具有较高契合度。[1]

LDAY038 马文聪、雷璇、李远辉（2023）基于中国知网的粤港澳大湾区数据利用 LDA 主题模型分析了粤港澳大湾区建设的重要性与演化过程。[2]

LDAY039 马海群、张斌（2023）基于自制的我国开放公共数据政策文本库运用 LDA 主题模型发现我国开放公共数据政策存在"领域"和"地域"的"差异性"和"不均衡性"。[3]

LDAY040 李四海、马文琪（2023）基于企业社会责任报告文本利用 LDA 主题模型进行了分析，结果发现企业社会责任行动与可利用资源水平密切相关，在企业可利用资源水平异质性分布的状态下，不同企业面对共同富裕的制度压力对所应承担的社会责任采取了不同的响应策略。[4]

LDAY041 王晨、廖启明（2023）利用改进的 LDA 主题模型对个人隐私信息法律保护领域进行了主题类聚，发现了"信息保护技术研发"等 8 个主题类别及时间演化特征，并对其演化规律与发展趋势进行了探索。[5]

---

[1] 张泰瑞，陈渝. 基于 LDA 模型因素提取的健康信息用户转移行为研究 [J]. 图书情报工作，2019，63（21）：66-77.

[2] 马文聪，雷璇，李远辉. 基于 LDA 与 DTM 模型的粤港澳大湾区文献主题演化研究 [J]. 科技管理研究，2023，43（11）：75-85.

[3] 马海群，张斌. 基于 LDA 模型的我国开放公共数据政策供给特征分析 [J]. 现代情报，2023，43（8）：35-44.

[4] 李四海，马文琪. 共同富裕目标下企业社会责任响应策略——基于社会责任报告的 LDA 主题分析 [J]. 经济管理，2023，45（8）：184-208.

[5] 王晨，廖启明. 基于改进的 LDA 模型的文献主题挖掘与演化趋势研究——以个人隐私信息保护领域为例 [J]. 情报科学，2023，41（10）：112-120.

LDAY042 李慧宗、胡学钢、杨恒宇等（2015）从用户的标注信息与资源的被标注信息两个维度对社会化标注系统应用 LDA 主题模型进行比对，从而判定标签的聚类簇，有效弥补了传统方法在标注系统上的不足。[①]

（三）对 LDA 主题模型改进文本集的编码及突出因素识别

对所收集的 LDA 主题模型改进文本集从编码、有无框架外突出因素、框架外突出因素的列示等方面进行结构化分析，实现了对 LDA 主题模型应用文本集的可分析的数据化转化，如表 2-2 所列。

表 2-2 LDA 主题模型改进文本集的编码表

情景知识编码	情景知识题目	有无框架外突出因素	框架外突出因素
LDAG001	基于 LDA 话题关联的话题演化	有	引进时间轴分析
LDAG002	一种基于 LDA 主题模型的政策文本聚类方法研究	有	提升各步骤操作的精度
LDAG003	LDA 主题模型的优化及其主题数量选择研究——以科技文献为例	有	引进评价指标体系改善模型
LDAG004	不同语料下基于 LDA 主题模型的科学文献主题抽取效果分析	无	无

---

① 李慧宗，胡学钢，杨恒宇，等.基于 LDA 的社会化标签综合聚类方法 [J].情报学报，2015，34（2）：146-155.

续 表

情景知识编码	情景知识题目	有无框架外突出因素	框架外突出因素
LDAG005	基于 LDA 特征扩展的短文本分类	无	无
LDAG006	基于语义约束 LDA 的商品特征和情感词提取	有	引进语义约束操作
LDAG007	基于 LDA 模型的文本分类研究	有	构造文本分类器
LDAG008	科技情报分析中 LDA 主题模型最优主题数确定方法研究	有	引进主题相似度量指标改善模型
LDAG009	基于 LDA 的新闻话题子话题划分方法	有	引入主题词相关性分析改善模型
LDAG010	基于中心词和 LDA 的微博热点话题发现研究	有	引入中心词概念改善模型
LDAG011	基于 LDA 的领域本体概念获取方法研究	无	无
LDAG012	一种基于 LDA 和 Text Rank 的文本关键短语抽取方案的设计与实现	有	改善特征词抽取改善模型
LDAG013	基于 SGC-LDA 模型的财经文本主题研究	无	无
LDAG014	结合 LDA 与 Word2vec 的文本语义增强方法	有	建立语义词向量改善模型

续　表

情景知识编码	情景知识题目	有无框架外突出因素	框架外突出因素
LDAG015	基于LDA-HMM的知识流动模式发现研究	无	无
LDAG016	基于改进的LDA模型的产品服务需求识别	无	无
LDAG017	新闻话题识别中LDA最优主题数选取研究	有	建立语义和时序图改善模型
LDAG018	基于动态权重的LDA算法	有	改进特征词抽取方法改善模型
LDAG019	在小样本条件下直接LDA的理论分析	有	改进特征词抽取方法改善模型
LDAG020	基于LDA主题模型的网络突发事件话题演化路径研究	有	引入先离散时间模型
LDAG021	基于LDA2Vec的政策文本主题挖掘与结构化解析框架研究	无	无
LDAG022	基于mRMR和LDA主题模型的文本分类研究	有	引入特征选择算法改善模型
LDAG023	基于LDA的主题语义演化分析方法研究——以锂离子电池领域为例	无	无

LDAG001 楚克明、李芳（2010）运用 LDA 主题模型建立话题变化的时间序列的演进轴，描述了同一个话题的产生、消失、强化的生命演化周期，为快速获取信息和了解趋势提供了方法支撑。①

LDAG002 张涛、马海群（2018）等利用 LDA 主题模型对政策文本进行多次分步骤的聚类分析发现，实验中每步操作结果的精度影响着政策文本聚类的准确性，并且存在聚类结果的最优值。②

LDAG003 王婷婷、韩满、王宇（2018）以内部指标伪 F 统计量作为目标函数评价主题数目的选择聚类效果，得出主题最优数目用于 LDA 主题模型优化，使改进的 LDA 主题模型具有更理想的主题聚类能力。③

LDAG004 关鹏、王曰芬、傅柱（2016）基于常见的科学文献文本语料库针对"关键词""摘要""关键词＋摘要"三种不同语料运用 LDA 主题模型进行主题抽取，然后基于查全率等指标对主题抽取效果进行了对比分析，结果表明 3 种抽取方法在抽取广度与抽取精度方面具有显著差异性。④

LDAG005 吕超镇、姬东鸿、吴飞飞（2015）基于中文短文本集运用 LDA 主题模型，抽取短文本部分特征，并扩充到原文本的特征中再进行分类，改进了短文本分类的方法。⑤

① 楚克明，李芳．基于 LDA 话题关联的话题演化 [J]．上海交通大学学报，2010，44（11）：1496-1500.
② 张涛，马海群．一种基于 LDA 主题模型的政策文本聚类方法研究 [J]．数据分析与知识发现，2018，2（9）：59-65.
③ 王婷婷，韩满，王宇．LDA 模型的优化及其主题数量选择研究——以科技文献为例 [J]．数据分析与知识发现，2018，2（1）：29-40.
④ 关鹏，王曰芬，傅柱．不同语料下基于 LDA 主题模型的科学文献主题抽取效果分析 [J]．图书情报工作，2016，60（2）：112-121.
⑤ 吕超镇，姬东鸿，吴飞飞．基于 LDA 特征扩展的短文本分类 [J]．计算机工程与应用，2015，51（4）：123-127.

LDAG006 彭云、万常选、江腾蛟等（2017）将句法、词义、语境等嵌入 LDA 主题模型形成具有语义约束的 LDA 主题模型，以商品评论文本数据作为实验样本发现，具有语义约束的 LDA 主题模型在细粒度特征词发现与语义关联性挖掘方面具有明显改进。①

LDAG007 姚全珠、宋志理、彭程（2011）将判别模型 SVM 框架与贝叶斯统计理论引入 LDA 主题模型以构造文本分类器，通过特定文本集的分类实验表明其有较好的分类效果。②

LDAG008 关鹏、王曰芬（2016）利用主题相似度和困惑度提出一种确定 LDA 主题模型的最优主题数目的方法，从而实现了对 LDA 主题模型的改进。以国内新能源领域的科技文本作为实验数据集，结果表明，改进的 LDA 主题模型具有较高的查准率、F 值与科技文献推荐精度。③

LDAG009 赵爱华、刘培玉、郑燕（2013）基于主题特征词相关性分析结合再次聚类的方法对 LDA 主题模型进行改进，对网络热点新闻话题的子话题的划分证明了将相关性分析引入 LDA 主题模型可提高该模型的性能。④

LDAG010 刘干、林杰豪、翟雯熠（2021）通过引入中心词概念对 LDA 主题模型进行改进，基于传统 LDA 主题模型和改进 LDA 主题模

① 彭云，万常选，江腾蛟，等.基于语义约束 LDA 的商品特征和情感词提取 [J].软件学报，2017，28（3）：676-693.
② 姚全珠，宋志理，彭程.基于 LDA 模型的文本分类研究 [J].计算机工程与应用，2011，47（13）：150-153.
③ 关鹏，王曰芬.科技情报分析中 LDA 主题模型最优主题数确定方法研究 [J].现代图书情报技术，2016（9）：42-50.
④ 赵爱华，刘培玉，郑燕.基于 LDA 的新闻话题子话题划分方法 [J].小型微型计算机系统，2013，34（4）：732-737.

型以微博热点数据为研究对象的对照实验表明，改进的 LDA 主题模型在主题生成上具有更高的性能。①

LDAG011 王红、张昊、史金钏（2018）基于民航突发事件应急管理领域的大规模文本，结合 NLPIR 自适应分词，对 LDA 主题模型进行改进。结果证明改进后的 LDA 主题模型在民航突发事件跨媒体信息领域的术语提取与语义关系构建上提供了良好的数据支撑。②

LDAG012 郎冬冬、刘晨晨、冯旭鹏等（2018）通过引入 TextRank 改进了 LDA 主题模型的文本关键短语抽取功能，又利用 Bootstraping 迭代算法改进了 LDA 主题模型的关键短语抽取的主题覆盖度和意向性代表度。③

LDAG013 傅魁、鲁冬、覃桂双（2022）从文本噪声过滤与主题连续性两个方面对 LDA 主题模型进行改进，通过分析真实财经文本的实验证明，改进的 LDA 主题模型在分类与主题延续性方面都有较大提高。④

LDAG014 唐焕玲、卫红敏、王育林等（2022）基于 LDA 主题模型和 Word2vec 模型，提出一种文本语义增强方法 Sem2vec 模型，该模型相较于 LDA 主题模型具有更高性能。⑤

LDAG015 张瑞、董庆兴（2020）首先基于图书情报学领域的数据

① 刘干，林杰豪，翟雯熠 . 基于中心词和 LDA 的微博热点话题发现研究 [J]. 情报杂志，2021，40（5）：143-148，164.

② 王红，张昊，史金钏 . 基于 LDA 的领域本体概念获取方法研究 [J]. 计算机工程与应用，2018，54（13）：252-257.

③ 郎冬冬，刘晨晨，冯旭鹏，等 . 一种基于 LDA 和 TextRank 的文本关键短语抽取方案的设计与实现 [J]. 计算机应用与软件，2018，35（3）：54-60.

④ 傅魁，鲁冬，覃桂双 . 基于 SGC-LDA 模型的财经文本主题研究 [J]. 计算机工程与应用，2022，58（15）：285-293.

⑤ 唐焕玲，卫红敏，王育林，等 . 结合 LDA 与 Word2vec 的文本语义增强方法 [J]. 计算机工程与应用，2022，58（13）：135-145.

库运用 LDA 主题模型进行聚类分析，进而形成主题知识流向特征数据，然后应用隐马尔可夫模型进行观测值训练，展示出不同知识流动模型的差异性。[1]

LDAG016 黄琳、王丽亚、明新国（2023）利用客户－产品服务画像的先验知识对 LDA 主题模型进行改进，对客户购买后的在线评论文本进行分析，发现这种改进在产品服务需求的主题识别上具有预测性。[2]

LDAG017 杨洋、江开忠、原明君等（2022）从语义和时序两个维度将 Co-DPSC 算法嵌入 LDA 主题模型来确定特定知识样本的最优主题数，从时效性、关键性、自适应性等维度改进了确定主题数目的方法，从而改进了传统 LDA 主题模型需要提前指定主题数目的不足。[3]

LDAG018 居亚亚、杨璐、严建峰（2019）针对高频词在 LDA 主题模型中权重过大进而影响语义连贯性的不足，以"关键词"替代"高频词"构建出基于动态权重的 LDA 算法，其在主题语义连贯性等方面实现了功能改进。[4]

LDAG019 赵武锋、沈海斌、严晓浪（2009）基于传统 Fisher 准则与广义 Fisher 准则对小样本 LDA 扩展方法（DLDA）进行了验证，结果发现，基于广义 Fisher 准则的 DLDA 方法具有一定的优势。[5]

---

[1] 张瑞，董庆兴.基于 LDA-HMM 的知识流动模式发现研究 [J].情报科学，2020，38（6）：67-75.

[2] 黄琳，王丽亚，明新国.基于改进的 LDA 模型的产品服务需求识别 [J].工业工程与管理，2023，28（1）：42-50.

[3] 杨洋，江开忠，原明君，等.新闻话题识别中 LDA 最优主题数选取研究 [J].数据分析与知识发现，2022，6（11）：72-78.

[4] 居亚亚，杨璐，严建峰.基于动态权重的 LDA 算法 [J].计算机科学，2019，46（8）：260-265.

[5] 赵武锋，沈海斌，严晓浪.在小样本条件下直接 LDA 的理论分析 [J].电子与信息学报，2009，31（11）：2632-2636.

LDAG020 林萍、黄卫东（2014）基于网络突发事件话题文本，引入先离散时间模型改进 LDA 主题模型，实现了根据特征词之间的关联度进行网络分析进而展现话题演化路径的研究目标。[①]

　　LDAG021 胡吉明、钱玮、李雨薇等（2021）基于"互联网＋"相关政策文本运用改进的 LDA2Vec 主题模型，从内容属性揭示政策文本主题分布，从词汇位置和语法规律等提取形式特征，基于政策文本形式特征和内容特征维度建构了"互联网"相关政策的解析框架。[②]

　　LDAG022 史庆伟、从世源（2016）将 mRMR 特征选择算法引入LDA 主题模型，对文本集中的非作用词进行过滤，从而提升了 LDA 主题模型在文本分析中的分类性能。[③]

　　LDAG023 关鹏、王曰芬、傅柱（2019）基于锂离子电池领域主题数据综合运用 LDA 主题模型提出与验证了主题语义的继承、分裂和融合等重要演化模式，为具体领域的知识创新提供了技术支撑。[④]

四、基于元分析方法对 LDA 主题模型案例库进行知识生产

　　基于 LDA 主题模型分析方法在文本分析中的应用，可以发现以下事实与知识。

---

① 林萍，黄卫东 . 基于 LDA 模型的网络突发事件话题演化路径研究 [J]. 情报科学，2014，32（10）：20-23.

② 胡吉明，钱玮，李雨薇，等 . 基于 LDA2Vec 的政策文本主题挖掘与结构化解析框架研究 [J]. 情报科学，2021，39（10）：11-17.

③ 史庆伟，从世源 . 基于 mRMR 和 LDA 主题模型的文本分类研究 [J]. 计算机工程与应用，2016，52（5）：127-133.

④ 关鹏，王曰芬，傅柱 . 基于 LDA 的主题语义演化分析方法研究——以锂离子电池领域为例 [J]. 数据分析与知识发现，2019，3（7）：61-72.

（一）LDA 主题模型的应用有赖于研究人员的判断

LDA 主题模型在特殊环节中的取值与处理路径的选择依赖研究人员的判断。从设计与目的维度看，LDA 主题模型被设计以完成特定的任务，如从政策文本中发现政策变迁规律，从科技文献中发现前沿的创新方向等。由于没有编程和指令的嵌入，LDA 主题模型无法自动进行自我进化来适应特定目的或特定应用。因此，LDA 主题模型可以很好地适应针对特定知识样本的分析任务，可以根据所面对知识样本任务的特点进行适用性改善。特别是从交互与适应性的维度看，LDA 主题模型在特定时间点会面对特殊的研究需求，研究人员需要根据研究的具体需求对 LDA 主题模型进行定制和调整。这就需要根据实际情况通过编程调整 LDA 主题模型，以更好地满足研究需求。

（二）LDA 主题模型在文本分析中可用于确定主题

在 LDA 主题模型被引入文本分析之前，文本分析主要借助词频分析方法将非结构化的文本数据转化为超高维的结构化数据，然后依靠文本分析者的经验与特定的理论框架进行分析阐释。但是，这种方法受制于算力，无法应对网络时代纷繁复杂的海量文本数据。在文本分析中引入 LDA 主题模型改变了传统文本分析方法的方法路径，引入了"主题"的分析中介程序，从而使维度压缩的同时数据的表现力得到增强。在主题建构方面，LDA 主题模型分析方法在将词袋方法引入文本词汇统计的基础上由潜在狄利克雷分布给出相关主题模型。此外，最优主题数的确定也是 LDA 主题模型在文本分析中应用的关键步骤，主题个数的选择直接影响着 LDA 主题模型对文本数据的释义情况和主题识别效果。常用的确定主题个数的方法有通过反复调试进行经验性主观判断的经验设定法、借助吉布斯采样算法完成的贝叶斯统计标准方法等。

（三）LDA 主题模型的改进

梳理 LDA 主题模型应用与改进两个维度的研究成果，并利用 LDA 主题模型进行知识生产，发现未来 LDA 主题模型在文本分析中的应用的以下改进方向。

（1）LDA 主题模型以词袋模型为假设，所有词语的重要性相同，降低了建模的复杂度，但使得主题分布倾向于高频词，影响了主题模型的语义连贯性。针对此问题，LDA 主题模型中词语的权重需要进行动态调整，主要基于每个词语在建模中具有不同的重要性，在迭代过程中根据词语的主题分布动态生成相应的权重并反作用于主题建模，降低高频词对建模的影响，提高关键词的影响。这通常有两种解决方法。第一种，针对特定的分析文本，在建模过程中嵌入与文本相关的外部理论框架以改变具体词语的权重，从而获得对所收集文本具有更强解释性的主题网络分布。第二种，在主题网络分布形成以前重视文本集合中词语间的网络关系，为主题网络的中心词语赋予更高的权重使其能够在主题建模中得以凸显。

（2）在特定文本的分析中增加低频词的权重。LDA 主题模型基于词袋模型将非结构化的文本转化为无序的可以进行计量的词汇数据，从而使得每一篇文档都能够成为一个二维的词汇矩阵。这种方法使得文本集中的每个词语只具有词频与词义的差距而没有位置的区别，从而降低了建模的复杂度。其缺点是文本集中的高频词被采样的概率高于远低频词。这种以词频衡量词语在文本集中的重要性并以此来衡量其在建模过程中的重要性的方法在一般的文本分析中可行。但是对于政策文本分析来说，出现"新词"等低频词往往代表着政策的不同程度的变迁，"新词"这种低频词在政策文本中具有重要关键词意义。因此，在分析政策文本等特定的文本时应该从外部数据集中引入先验知识，利用先验知识增加对关键词的供给，从而提高建模的准确性。

（3）LDA 主题模型通过"文档－主题－词"三层扩展性良好的结构与数据降维能力能够很好地实现文档、主题以及词语之间的建模。相比于传统文本分析方法，其可以更好地挖掘文本中的主题网络，在知识提取的稳健度与细粒度上具有较大改进。但其在概念抽取、变量制定、内容分类、潜在语义识别上受噪声影响，因此应该增强文本中可识别的内容特征，降低噪声影响，一种可行的办法是重视文本预处理阶段特征词抽取。高语境的主题建模过程面对的是同一主题分布的支撑词汇的关联性高、不同主题间词汇语义区分明显的文本特征。对文本中的词汇进行分类将能够很好地适配所分析文本的这一特征，因此有必要将文本的预处理作为主题建模的必要前置步骤，多次进行文本中词汇的分类以提升所建构主题分布对文本的表征能力与解释能力。特别是面向文本中超多维主题分布的挖掘任务，构建领域词典、相近词词典以及分类标注数据集可以提升文本预处理阶段对特征词分类的质量。

（4）丰富 LDA 主题模型的应用方式，深化模型应用研究。从 LDA主题模型在文本分析中的应用来看，需要根据文本集合本身的情境结合不同的理论框架以深化 LDA 主题模型应用研究。比如，在特定舆情事件的文本分析中，可以结合演化博弈理论，在利用 LDA 主题模型形成主题的时间演化分布形态以后，对舆情发展中的各种发声的利益主体进行分析以发现舆情发展的规律；在利用 LDA 主题模型对特定议题的政策文本分析时，可引入注意力资源分配理论描述决策主体在对特定议题进行决策时的注意力资源变化；在利用 LDA 主题模型对用户评论类文本进行分析时，可以将话语分析、情感分析的相关理论引入，从而增强内容推荐的针对性。

综上所述，将 LDA 主题模型作为文本分析的基础环节，综合应用注意力资源分配理论、主题演化分析、博弈论等理论，是当前 LDA 主题模型应用研究的重要趋势。

第三章 LDA 主题模型分析的证据支撑：文本与主题

随着算力的指数级增长以及互联网搜索引擎的快速发展，文本收集、存储和传输的成本大幅度降低，诸如上市企业年报、政策文本、新闻评论、社交媒体文本等可用于实证分析的文本数据日渐丰富。这些文本信息广泛存在、传递形式丰富、表达方式多样。文本信息不仅蕴含着极为丰富的增量信息，拥有极高的研究价值，也对提高文本数据处理效率、优化文本指标刻画能力、增强文本指标衡量精度、丰富文本指标信息含量、拓展实证研究方向与方法提出了新的要求。

随着非结构化文本集合使用量的迅速增长，这种非结构化的文本的绝对规模为统计建模提供了机会，即 LDA 主题模型分析可以成为进行文本分析的有效工具。LDA 主题模型假设每个文档的单词来自多个主题，每个主题都是词汇表上的分布。LDA 主题模型是一种生成概率模型，它使用词汇表上的少量分布来表述文档集合。当从数据出发时，这些分布通常对应于直观的主题性概念。主题被集合中的所有文档共享，主题比例是特定于文档的。LDA 主题模型允许每个文档以不同的比例显示多个主题，因此它可以捕获并显示多个潜在模式的分组数据中的异质性。

LDA 主题模型两次嵌入概率模型使得分析文本文档集合成为可能。在文档集合中，人们可能会发现主题之间存在很强的相关性，因此 LDA 主题模型是理解大型文档语料库的探索工具。

文本是进行内容分析和特征分析的关键证据支撑，是进行文本主体分析、文本工具分析、文本网络分析等的基础性资料。结合文本所处的制度环境与治理实践，可以从文本中挖掘与引申出文本工具的选择与运用、文本的利益博弈过程、文本演变的内在逻辑等文本知识。

一、文本在文本分析中的证据支撑作用

近年来，文本已成为文本科学研究领域备受关注的研究对象。这是因为文本是客观反映经济社会变迁的实践系统输出物，包含文本主体、文本问题、文本目标和文本措施等要素。作为文本分析的证据支撑的文本具有以下特征。

（一）文本具有结构化或半结构化的特点

规范性测量文本的结构化或半结构化特征变量可获得客观的、可重复的、可验证的研究结论，即可以发现多文本中的文本目标、文本工具、文本网络等的变迁规律。比如，文本变迁记录了"冲击－回应"路径下的实践系统输出的变化，其实际是所在领域实践、经济、社会综合变迁的反映。因此，文本的系统分析可以作为把握社会变迁和文本变迁的一个起点，通过分类、编码，可以增进对文本过程的基本认知，同时可梳理出文本演变的逻辑和外部变迁路径。

（二）文本适合话语分析与语义分析等定性分析方法

文本作为一种实践系统输出物，以一种特定的话语体系符号规定了"价值分配的方式与规则"。因此，理解复杂的话语体系，有助于对文本进行主观与客观、诠释与解释的认知拓展。

话语分析重视考察"文本的实践"，也就是产生文本的权力关系本身。利用话语分析分析文本的意义与命题，实际上就是将文本看作一种官方话语，从而揭示文本中话语主体的权力象征及其社会结构。文本的话语分析涉及文本过程中的主体、客体、情景以及从文本所体现的语言中寻求实践如何博弈和权力如何运作的规律。

语义分析则主要考察实践话语的语境与意图，分析话语的实践意义。依托文本中的关键词、语句结构、主题字段、文本语境等基本研究要素开展语义分析、语境分析，解析其历史源头、语义变化，进而识别实践策略和实践精英的价值主张。

（三）文本可进行数据化转化

LDA 主题模型分析应用于文本分析可以处理的对象包含专利文献、科技报告等非结构化文本以及政策文本等半结构化文本等。LDA 主题模型分析应用于文本分析的数据化转化包括对文本进行主题抽取、分类、聚类以及词项降维等方面，主要表现为探究文本中的主题分布、主题强度、主题变迁以及主题间的关系。由于这些要素均内化于文本之中，对文本中要素的系统编码分析，可以更加细致、客观地探讨其发展过程。数据化转化具有系统性特点，即在文本内容或内容类目的取舍中需要保持一致性原则。首先，选择样本必须按照一定的程序，即按照明确无误、前后一致的原则选择被分析的文本内容。其次，编码和分析过程也必须遵循统一的标准以保证分析结论的一致性。文本的数据化转化是把文本中非量化的、结构化的信息转化为定量的数据，并以合适的类目分解文本内容，可以通过类目建构和编码过程抽象文本要素形成数据结构，从而分析文本的内容特征。

二、主题是文本的主要结构特征

伴随现代化进程的推进，新技术、新方法的嵌入使得生产、生活与治理越发成为追求精细与准确的工程化设计，而如何有效率地挖掘其中作为信息传递重要载体的文本的信息便成为整个工程的重要一环。比如，面对突发的应急事件时，应急事件的快速决策要求决策主体即时获得大量的信息以修正和完善处置方案，这就要求决策主体具有信息汲取能力与信息理解能力，能够从应急事件所产生的文本中汲取与理解信息以转化为应急管理所需的主题。

可以说，文本分析就是一个从"文本"到"主题"的过程，有赖于从文本中挖掘出的主题配置结构。然而，主题在文本分析中究竟如何被意识、被生产、被调用，如何理解主题的治理意义，仍然是当下文本分析研究的重点领域。尤其随着文本格式特征与内容特征的不断更新并复杂化，主题在文本提炼中的作用被相应扩大。在此背景下，揭示文本分析中主题是如何被生产和调用的具有重要意义，因此有必要从主题的范畴界定出发厘清主题生产的逻辑。

（一）主题的范畴界定

主题来源于文本，且是文本的子集，是那些与文本紧密衔接，能够成为代表对文本系统性认识的信息提炼。虽然对词汇的提炼可以产生主题，但并非文本中所有的词汇都是主题。主题生产的实现需要信息汲取能力与信息处理能力，前者主要指在文本的信息稀缺、信息不对称、信息碎片化严重的情况下能够表征整个文本集合的能力，后者主要指在文本信息过载、信息过杂的情景中能够对文本进行过滤、提纯以实现信息整合成为主题的能力。

（二）主题生产的主要逻辑

随着主题模型的兴起，如何借助主题模型引入文本语料的时间信息，研究主题随时间的演化，成为文本挖掘领域研究的热点。每篇文本是主题的混合分布，而每一个主题是一组词语的混合分布。主题模型借助主题可以很好地模拟文本的生成过程，对文本的预测也有很好的效果。在主题演化研究中，一个重要的任务是获取文本集合的主题。主题实际就是文本的一种降维表示。显而易见的是，在文本生产能力显著提升的当下快速有效地从文本中抽取主题已经成为文本分析的重要能力。

传统的主题生产方式在主题生产的逻辑上存在不足，主要表现为以下几点。第一，未能呈现主题网络，偏重于对不同主题的抽取，对各子主题缺乏整体性考虑，对主要主题类型及其异质性缺乏基本的认知，对主题从何而来这一重要问题缺乏回应。第二，偏重于共词分析而忽视文本本身的特征，如对政策文本的分析单纯采用词频分析方法而忽略政策文本中所出现新词的重要性，这使得主题生产缺失了实际存在的多种逻辑类型。因此，要根据文本的特点选择合适的主题生产方式。

主题分为明述主题与默会主题，明述主题是从文本中的符号、公式、文字表达中能直接显现或提取的主题，而默会主题是指从文本中无法直接显现或无法直接用词汇表述，需要借助于文本分析者的知识予以解构的主题。"文本中所形成的主题"大多为默会主题，作为一种由意义模式构成的概念系统，其形成有赖于与文本的不断互动并从情景中引申而形成"索引"。"索引"是一种不具备文本背景知识的人通常无法领会的映像。即主题的生成是一种对话，这种对话的特征取决于对默会主题的储存、整合与调用，往往难以脱离具体文本的应用场景。

（三）从文本中生成主题的策略

主题生成策略在从文本到主题的生产中具有重要作用，从不同类型文本中生成主题的策略选择值得展开讨论。完整的从文本中生成主题的策略往往包含两个紧密相关的部分：一是文本中主题生成的可能性，二是进行主题可信性验证。文本分析者在尝试发掘与论证主题时，通常需要借助文本特点与主题生产的策略匹配来进行主题生成与主题可信性验证。在这一主题生产过程中，文本分析者开展研究设计时首先要思考如何选择文本进行比较以及如何比较，而这些问题均涉及如何选择文本与主题生成策略的匹配问题。不同的主题生成策略往往适用于主题生产过程的不同环节，如在主题生成环节，选择何种主题抽取策略来提出主题尤为重要；而在主题可信性验证环节，为了检验已经生成主题的有效性与稳健性，则需要运用特定文本进行跨文本比较或文本内比较。

1.主题生成策略

主题生产过程是指从文本中抽象出共性词汇并用主题框架加以解释和理解的过程。主题生成是指基于所收集到的文本集构建新的主题框架和概念并提出主题假说，为理解相关现象提供新的解释和视角。

值得注意的是，从概念到需要验证的主题假说之间还需要一个真正的主题生产过程。这个过程涉及提出既具有一定抽象性又具有普遍意义的因素和机制。换言之，主题的形成并不是一个自发的过程，而是需要通过主题与文本的相互作用实现。这需要对选定的文本进行探索性分析，从文本中提炼出可表征文本的主题。

因此，文本分析者在选择文本时应侧重于那些有助于形成假说或深入理解特定现象的文本。在这一过程中，特定的主题目标起到了关键作用，它可以引导文本分析者确定哪些文本能够提供最有价值的信息。例如，主题建构与机制甄别是当前社会科学文本研究的重要目标。它们可以帮助文本分析者确定某个文本是否满足特定条件或标准，进而确保了主题生成的系统性和目标导向，避免了随机或主观的选取。例如，在对"三农"议题的政策文本分析时，将新时代以来历年中央一号文件抽出，单独进行分析，能够有效地得出特定"三农"议题政策变迁的机制与规律，这是因为中央一号文件往往代表了决策者注意力分配的重大方向。

进行分类或建构类型学是社会科学研究中常见的比较方法之一。与定量研究中因子分析或聚类分析的基本逻辑类似，类型学的最主要作用在于将零散或杂乱无章的信息通过一定的逻辑进行降维或压缩，并通过聚合特定的条件，使主题更加简洁。文本分析者可以在差异较大的情况下仍保持较少的变量，并通过消除那些并不在所有文本中出现的"虚假"必要因素提炼出主题的关键启示。然而，这种设计也有缺陷，可能使它比最大相似的系统设计的主题生成策略具有更大的局限性：它难以解决变量与结果之间可能存在的因果复杂性或一果多因问题，只能为主题生成提供有限的证据支持。在这类文本研究中，如果只是简单地寻找少数因素的共性，文本分析者难以通过严谨的因果推断得出正确结论。

有别于结构化数据的可处理性强的特点，文本数据是一种蕴含着文本生产者的思想、情感与心理信息的非结构化数据。作为非结构化数据，文本中主题的提取对文本分析者的数据处理能力提出了更高的要求，不仅需要对主题的重要性排序进行主观判断，还需要对语义进行确切的判断，特别是面对重复性差、海量的文本时。随着文本挖掘技术与其他学科的交叉融合，越来越多的学者尝试使用LDA主题模型分析方法进行主题提取。这种方法是指文本分析者通过预设的词典，统计词袋模型中出现的词频，通过特定的加权方式，计算出文本语调、信息含量等指标。LDA主题模型展现出了卓越的自然语言理解能力，能为用户提供内容丰富、具有深度的回复，可以有效提高文本数据处理效率、优化文本指标刻画能力、增强文本指标衡量精度以及丰富文本指标信息含量。LDA主题模型构建了一个易于通过简单提示词获取的庞大"主题库"。

在主题的数据化转换过程中，根据研究目的对主题进行单位化，选择合适的分析单元至关重要，因为分析单元的大小和性质将直接影响测量的层级和结果，并进而关系到后续统计分析、解释的内容和质量。在文本分析中，主题的分析单元是文本的最小具有独立意义的组成元素，一般是具有独立意义的词语等。

定义了分析单元之后，就需要考虑如何选择词袋，选择词袋的过程实际上就是将文本中的词语转换为数字数据的过程。在操作层面上，词袋选择是内容量化分析步骤中最为关键的环节，不仅为后续主题抽取奠定了基础，也是文本信息进行数据化转换的关键桥梁。

在选择词袋以后，利用词袋分析与词汇识别对词语在文本中的频率与分布进行数据化转换，然后从主题、类目及已编码的词汇维度输出主题的编码信息。这需要基于Python软件结合词典对主题进行自动分类和主题挖掘。利用Python可以统计词语的出现频率，并按某一变量进行分类。Python 可以帮助文本分析者对数据中的主题词、主体段进行收集和记录，并用编码语言进行标记和分析，从而抽取主题概念，构建表征这些概念之间关系的数据文件，从而形成族谱图等。

2. 主题可信性验证

主题可信性验证主要包括对新生成主题的证实性验证与对既有主题的证伪性验证。新生成主题的证实性验证重点在于审视主题生成过程的严谨性与逻辑性，即审查主题生成过程中技术路径与逻辑推理是否存在不足。既有主题的证伪性验证重点在于审视已有主题与新的理论框架之间存在的冲突，即审查在利用既有主题的过程中如何改进研究路径以降低既有主题与新的理论框架的冲突。

主题可信性验证是指利用经验数据和研究方法，验证和修正已有的主题框架和假说，确定其有效性和可靠性。主题验证在假说的提出、验证和修正环节均发挥着重要作用。基于不同的主题生产方式，重点讨论三种主题生成策略。第一种策略主要基于主题预期与现实文本的反差，选择最不可能文本与最可能文本，聚焦那些被既有文献所忽视的关键解释因素，从而增强主题的可信性。第二种策略利用最大相似系统设计或最大差异系统设计，分别选择一组结果不同的最大相似文本或结果相同的最大差异文本。第三种策略综合了前两种策略的文本类型与受控比较思路，主要通过建构因果条件组合的类型学，选择兼具主题生成与验证的主题支持型与主题反对型文本。

在完成跨文本比较之后，一个重要问题是如何运用文本内分析更好地进行主题可信性验证或进一步完善主题。解决该问题主要使用滚雪球主题建构法，滚雪球主题建构法在研究设计时结合了主题的知识样本扩充路径设计与最优主题数判断方法，并融入了跨文本的比较方法。具体而言，这种方法进行多轮主题识别，在每一轮主题识别后针对主题数目的不足或需进一步探究的主题及时补充特定方向的知识样本，形成新的知识样本后进行新一轮的主题识别，直到主题的数目达到最优为止。文本分析者需要将不同的主题生成策略融入整体研究设计，并应用于不同阶段的主题生产过程，通过精细且严谨的研究设计更高效地发现新主题、贡献新主题。

第四章　LDA 主题模型分析在文本分析中应用的理论基础一：话语分析

　　话语分析是以语言学、心理学及哲学等学科交叉形成特定理论框架，从而对文本中话语的语义特征与内涵进行解析的分析方法。该分析方法假设文本中字、词、句、章的话语结构的形成是人类自身经验连接概念系统并被赋予意义的过程，并且其含有以隐喻、概念、理论等对现象进行阐释的生产机制。话语分析可视作文本形成过程的反向解构，即从认知与逻辑的角度对话语的构建进行研究，进而推断出复杂话语产生的机制。这种认知与逻辑体现为注重分析文本中句群间的语义关系以及句法特征，并将其界定为文本的话题维度与话题的语群维度。文本的话题维度着重强调分析文本中的话题内容强度与内容变迁，话题的语群维度着重强调分析特定话题的支撑句子如何支撑话题形成。

　　文本中对特定主题话语的"选择与使用"是文本的一个重要特征。因此，从"话语分析"视角对文本中特定主题话语的生成机制进行研究，可以清晰地认识文本中特定主题的话语特征，从而揭示话语生产者在文本实践中创造与使用话语的意图。在分析路径上，话语分析注重在"话语使用"和"社会因素"两个层面探究文本中不同话语生产的机制。在话语使用层面，话语生产者将实践或理念中的对象概念化到文本中，形成特定主题的话语体系。在社会因素层面，话语生产者进行话语的生产与使用是一种"价值理念"的输出，即话语生产者生产文本实际上是为了实现特定目的而对特定主题进行话语的选择与阐释，并依据特定主题形成一套特定的话语策略。比如，对于谣言生产者在传播谣言的过程中运用话语为谣言文本建构的特定具体形象，对谣言进行元话语分析、传播策略分析、隐喻分析等话语分析可以揭示谣言生产者在构建和传播特定具体形象时使用的话语策略，从而为有效进行舆情管理提供策略支撑。

为了剖析文本生产中话语的生成机制，可以从以下几个方面探究话语生产者对特定主题话语的"选择与使用"：①话语、话语分析的概念与特征；②哪些因素在特定领域中对话语的生成过程起重要作用，即话语分析应该着重分析哪些方面；③话语分析应该如何进行，即话语分析的研究方法如何设计。

一、话语、话语分析的概念与特征

（一）话语的概念界定与特征

话语遵循逻辑结构建构起文本，将信息以文本的形式呈现出来。话语与文本结构深度融合构成文本，从而在文本生产者与文本接收者之间建构传达一定意图的具体形象，并且通过文本的传播引导文本接收者的认知与行为。比较典型的如网络流行文本话语通过凝练含蓄、蕴含深意、短小精悍的话语构建起高度浓缩信息的符号象征系统，往往能将一定时期的社会意识予以形象的表达，从而引发话语接收者似曾相识的联想。

话语是文本构成的基本单元，这使话语分析成为文本分析绕不开的议题。下面从启发行为的载体、社会因素的表征集合、引发事件变迁的介入点三个方面，对文本中的话语进行分析。

1.话语是一种启发行为的载体

话语通过嵌入利益、价值给个体行为带来激励或惩罚，从而启发文本接收者行为的改变。即话语是一种建构心理效应框架来驱动人们行为的实践。话语通过描述心理状态和情感体验，与相关行为建立对应关系，将特定主题的相关规范融入包含情绪和知识的概念解释框架，从而引导文本接收者给出行为上的回应。比如，在谣言文本中特定主题的文本话语具有哄骗特征，实质上该文本话语将受众已有的知识与谣言的意图相连接，并通过演绎，以"夸张事实与歪曲真相"的方式被受众迅速看到、接受，这种明显的异于逻辑、异于理性的话语在有效吸引文本接收者注意力、引导受众产生心理变化等行为中发挥了重要作用。

2.话语是社会因素的表征集合

话语是将社会因素予以符号化表达的集合。因此，以话语为起点，向外延伸探究话语所映射的社会现象因素在分析话语中具有重要意义。话语映射了话语生产者的社会位置及利益诉求等社会因素。更为重要的是话语生产者与其所处的社会场域是一种辩证关系，话语生产者所处的社会场域由所生产的话语体现，这些话语同时体现了话语生产者自身的价值取向。因此，将话语理解为社会因素的集合，可以更深刻地认识"话语"的本质。如政策文本的起草、上行、下行都属于文本实践的范畴，其作为科层体系运行的重要载体，能够影响科层体系本身及其治理对象的变化。政策文本之所以有这样的作用，是因为文本中话语与科层体系所特有的组织架构、运行机制之间的相互作用，特别是政策文本中话语描述所体现出的价值理念和价值取向所具有的高位势能，推动了政策文本的实践过程。

3.话语是一种引发事件变迁的介入点

将话语作为事件的视角为挖掘文本生产者的行文逻辑与价值意图提供了解构策略和探索路径。将话语视作事件的分析视角，实际上是从文本的结构特征、内容特征、情感特征、价值特征等找出文本所叙述的事件的图谱，然后借助已有的理论框架对其进行分析和阐释，从而揭示文本中的话语特征对事件所具有的映射意义。在具体操作上，以事件的视角进行文本的话语分析实质上是将文本置于产生其的社会网络、政治网络、经济网络中探究其产生的缘由及其为什么采用特定的话语描述。文本的形成过程是事件演变的映射，因此从事件变迁的维度分析文本中话语特征、体裁风格、价值逻辑，会增强对文本将事件变迁转变成话语描述、原因分析而获得意义过程的关注，从而加深对文本的理解。

（二）话语分析的概念

如前所述，文本实践中的话语使用与话语所指称的社会因素之间存在辩证关系。因此，话语分析就是通过分析文本中话语间的关系发现文本所映射的社会因素的特征。其主要的分析路径是搭建文本话语多维分析框架，对文本中话语的"互语"关系以及文本间的"互文"关系所建构的共同主题进行词频分析、情感分析和网络分析，从而揭示特定文本中不同主题的内容强度与内容变迁。

文本话语通过对情感、行为的演绎化阐释和故事化叙事，发挥着信息传播、社会动员、信念建构等功能。上述功能主要是通过应用修辞和传播手段实现的。因此，话语分析也着重从以上两个方面进行。前者通过分析文本话语的语法规则、修辞、隐喻手法等，增强对文本如何影响文本接收者认知和认同的理解。后者运用内容分析法和框架理论对文本话语的话语策略加以辨识，从多角度分析文本生产者如何通过话语的建构增强文本阅读者的认同，从而实现有效的宣传动员。

二、文本中话语分析的重要方向

从话语特征和作用逻辑两方面对文本中的话语进行分析是文本分析中话语分析的主要研究议题。结合文本的话语分析的已有经验并立足于更好地探究研究议题，文本中话语分析应该包括话语价值理念分析、概念分析、话语分析者本位分析三个重要方向。

（一）话语分析中的话语价值理念分析

价值理念分析是文本中话语分析的重要视角，其主要探究文本中话语的意义如何被接受和认可，借助这个分析视角可以对文本中话语所含有的意义被接受的过程做出令人信服的理论阐释。"价值理念"与文本生产者的"意识"和"认知"相关，是文本生产者的意识在文本中的主观再现。因此，文本生产者基于文本接收者获得相关的话语信号会进行怎样理解的指示提供了"情境化提示"。文本生产者与文本使用者这种共同"情景化提示"的建构是基于文本生产者与文本使用者对文本中话语的共同解释和判断完成的，即文本生产者与文本使用者对文本中话语的解释和赋予意义的过程是将文本中话语的意义与双方共同的知识相联系，从而对已具有的意义进行唤醒和应用。简而言之，文本生产者的价值理念和文本的生产意图共生于文本中，并且文本生产者的价值理念依附于文本的生产意图。

　　解读文本生产者的价值理念和文本的生产意图一直是话语分析的重要维度。文本生产者对文本进行价值嵌入与传播的主体意图往往隐藏于文本的话语框架、话语特征、语境建构中，因此需要借助框架理论与语境理论来发现。

　　话语意义具有模糊性与抽象性的特征，其依附具体的语境建构与话语框架而生成具体的话语含义，即意义的生成需要借助框架和语境，这是话语分析为什么要借助框架与语境的缘由。其中的"框架"是诠释话语所选择的视角或解释图式，其赋予了话语特定的意义，以"框架"切入，意味着以一种具有特定元素与逻辑的架构去研究文本中所含有的主题聚类，在语义框架中找寻主题的生成意义，从而通过框架与文本的桥联分析探知所面对的话语"在说什么"。其中的"语境"是一种理解话语意义的情景设定，其为理解文本中话语意义提供了参数限定，使得具有共同知识基础的文本受众能够根据语境理解文本中主题所具有的意义。比如，本书所研究的LDA主题模型分析之所以能嵌入文本分析，是因为其在对主题分布与主题排序进行分析的基础上，结合文本的语境参数、语境组合和相关知识基础等因素，探索出文本在主题表达方面"如何说"。

（二）话语分析中的概念分析

　　话语是文本体系的内在组成部分，概念则是话语表达的基本要素。概念充当着文本系统自我论证、说服劝导的功能基石，其自身的变化预示着一种理念创新，引发甚至推动文本面对对象的变革。概念是一种抽象的理论构建。对文本进行话语分析在概念分析层面上主要探索概念的意义生产及其知识呈现究竟处于何种主题框架与整体语境中。因此，建构和运用新的概念，并实现其所代表的理念的传播，一直是文本生产的重要目标。话语分析中的概念分析是选择特定词汇的概念生成过程和生成机制，对其形成发展、阐释理解以及适用性问题进行研究。话语分析中能进行概念分析是基于以下基础。

（1）一个普通词语要转化为一个凝聚文本理念的概念进入文本，要经历文本生产者与内外部环境互动的过程，即为词语上升为概念寻找支撑和理由的过程。概念是文本话语体系的基础性单位。每个文本中都有主导概念或者基础概念。通过这些概念，文本生产者才得以表达其的经验、预期和行动。概念不是凭空而生的，而是文本生产者基于实践需要建构出来的话语体系，即文本生产实质上就是以词汇的生产来表征实践的标识、范畴。

（2）以概念为出发点进行话语分析的另一个原因是概念同文本生产者生产过程中的心理过程有关，文本中所蕴含的概念可以被看作文本生产者以概念的形式处理的事物的程序与规则。在话语研究中分析词语以及由它构成的语句的性质、语句之间的关系实现对概念的分类与总结，可以发现文本生产者在文本生产时的心理过程。通常一个概念进入文本生产中，表明文本生产者在词汇的多重竞争中认同了这个概念所涵盖的理论与实践支撑体系。最后哪个词语被选择为概念的代表，则是多种因素互动的结果，因此研究概念进入文本的过程实质上就是研究多种因素博弈使特定理念进入议程设置的过程。比如，政策文本中新概念的提出，就是问题流、政策流、政治流三流汇合使得特定概念进入政策议程的过程。

（3）文本中的概念会经历"产生—内涵发展—广泛接受—被放弃"的生命周期。特别是重要文本的生产，往往是重要概念与话语体系的交替，而概念的交替往往代表着概念所对应的信念、行为、实践的深刻变革。因此，可以以特定文本的变迁为依据，选择特定词语作为研究对象，探讨特定词语在文本中的注意力变迁和意义分殊的过程。比如，政策文本素有话语建构的传统，政策文本中新概念的生产既丰富了政策文本本身的观念内容、话语内容，也推动并论证着实践领域的制度变革。

（三）文本分析中的话语分析者本位分析

话语分析过程并非文本之间直接的语码转换，而是话语分析者发挥主观作用的过程。话语分析者的主观能动作用体现在对文本的意义模糊性所进行的具体化、以话语分析结果对文本意义的有选择性的替代以及通过对语境的再塑造实现文本意义的再建构三个方面。即话语分析者在话语分析过程中具有选择表达形式、创造知识以及参与社会活动的主动性。基于此认识，对文本进行话语分析需要阐明话语分析者如何进行分析，即对话语分析者为何强调某些文本中的特定部分、为何选择特定的阐释方向、为何进行特定的主题排序等做出解释。

具体而言，话语分析者以自身作为工具深度融入话语分析过程中，话语分析者的受教育程度、分析方法、利益归属、价值追求等都会投射到话语分析过程与分析结果上。表现在话语分析者的社会因素特征影响话语分析语码转换中特定的词汇、句式等描述形式的选择，使得话语分析并非严格的、与话语分析者无关的、从原文本到阐释文本的、直接的语码转换，而是体现话语分析者价值取向，实现其宣传目标的一种文本实践方式。此外在话语分析过程中，话语分析者通过对文本进行分类和归纳，寻找合适的概念和主题进行理论阐释。在这个过程中，话语分析者所具有的社会特征对话语分析过程中具体问题的描述、文本的归纳分析、理论的阐释等都会产生影响。

上文解释了在话语分析过程中话语分析者为什么选择这样而非那样的话语形式。话语分析者在话语分析过程中对文本的认识、定义、理解、建构影响话语分析的结果。特别是话语分析者进行话语分析的目的影响着其话语分析实践，即掺杂着含有自身利益的阐释影响其对文本信息的挖掘与对文本的理解。

三、话语分析中的研究方法设计

（一）话语分析的核心逻辑

文本分析中的话语分析研究路径强调将文本分析的对象从文本中词汇的分析扩展至话语价值的探讨。话语分析的核心逻辑主要包括注意力竞争逻辑、说服与劝导逻辑，其以关于话语的认识和研究为基础并向外延伸，为研究文本中的基础单元话语提供了基础。

1. 核心逻辑：受众注意力资源编排的机制分析

文本生产者运用话语的目的是对文本接收者注意力资源进行编排。因此，话语分析的核心逻辑之一是分析话语如何对文本接收者注意力资源进行编排。文本对注意力资源编排的功能是指通过特定话语来干预文本受众的注意力资源配置，引发文本受众心理层面的变动，诱导文本受众理解并接受文本所承载的信息传播与价值传达。比如在山林防火的宣传中，文本生产者通过简洁凝练、朗朗上口、通俗易懂的话语来吸引文本接收者关注并传达政策意图，文本生产者之所以采用这种话语方式，是因为文本生产者运用话语这一工具对管理目标进行再生产，将管理目标以一种更加容易引起文本受众注意力资源编排的方式加以呈现。其本质是构建一个风险情景的社会认知，若发现已有的事件演化会导致自身损失，文本接收者就会将事件与其知识储备建立联系，从而使文本的传播形象具体，更符合文本接收者的认知水平，有助于在获取文本接收者注意力资源的基础上改善其行为逻辑。

2.价值逻辑：文本的说服与劝导

在文本中，文本所具有的说服与劝导作用主要通过话语的说服与劝导作用来实现，说服文本接收者接受文本所含有的价值理念。文本生产者采用"价值嵌入"的框架进行文本中话语的书写，从而实现价值理念在文本与受众之间的传播，即将文本接收者的行为与嵌入的价值相联系，借助文本接收者对话语的价值认同来动员文本接收者接受价值理念。实现文本话语分析的价值逻辑分析就是挖掘将个体行为和文本中的价值关联起来的话语，即从文本中含有的实现文本接收者接受价值说服的策略性话语中发现文本说服与劝导的价值逻辑。

（二）话语分析的具体路径设计

话语分析路径异于通过程序化的模型建构变量关系的量化研究步骤，更偏向于具有质性研究特点的程序步骤和以理论为基础的研究路径。话语分析的具体路径设计包括以下几点。①文本话语的情景溯源；②重视新话语文本特征的分析，回溯新话语出现的变迁过程；③着重分析特定领域术语的话语特征；④文本中嵌入价值理念，分析文本受众的建构过程。

1.文本话语的情景溯源

文本话语的情景溯源指从文本中某个特定的词语与其和其他词语的位置关系扩展至话语背后所依托的背景。"话语"是一种文本实践，体现话语和与之相关的社会因素之间的辩证关系：文本中的话语反映了文本生产者的价值理念、对所涉事件的认知以及对未来实践愿景的设定。换言之，特定主题话语是文本生产者为反映特定主题与嵌入特定目的而选择与使用的词语。因此，分析文本中话语所具有的结构特征、具体术语的使用、所描述的情景可以发现文本生产者的生产目的和价值诉求。

话语分析认为"话语"以"文本"的形式体现，某话语内容和话语形式被植入文本情景，进而形成文本情景下的新话语，实质上是实践当中的价值理念移动到文本中的过程，是话语使用者利用语境与话语的边界设定嵌入新的价值诉求。情景溯源指将文本话语的成分溯源到产生文本话语的实践情景的过程，其实质是追寻话语意义的生产转换过程。情景溯源的文本实践是一系列裹挟着价值观的符号溯源活动，是还原价值理念等话语因素如何进入文本的生产过程。

2.重视新话语文本特征的分析，回溯新话语出现的变迁过程

话语分析的第二步是重视文本集合中特定文本中出现的新话语，主要观察新话语在文本中出现的频数以及所在的位置，分析"新旧话语"的变迁关系，然后通过对"新话语"概念的变迁与其概念网络等的分析确定其"元话语"是什么，这个"元话语"是怎样进入文本之中以及文本生产者采用这种"话语"的意义是什么。这种"新话语"的形成机制分析具体体现为"三维"的互动：上下层级的话语纵向互动、跨领域的话语横向互动、话语的历时性互动。第一个维度纵向体现了话语研究的

核心特征，即对社会因素尤其是权力关系的关注，是话语互动研究的独特维度，它的加入使得观察的视角更加丰富。例如，政策文本中出现的新概念，从双层互动的维度看，是政策决策者与政策情景互动产生的。从三维互动的横向、纵向和历史维度上看，政策文本中出现的新概念具有政策学习的典型特征，即新概念不是凭空产生的，而是横向维度上的政策借鉴、纵向维度上的试点总结、历史维度上的渐进推进"杂糅"后形成的。

3.着重分析特定领域术语的话语特征

就所使用特定领域术语的话语特征而言，其背后体现了文本生产者将其引入文本中的驱动因素，因此着重分析特定领域术语特征对于话语分析具有重要意义。"术语"是特定行为主体在长期的行为互动中对于特定对象的共同的描述，其背后具有通过词汇形式所表达的特定领域内共同的认知。在内容上，选择特定术语来表达文本的主题，并且以特定术语为主题发表文本资料本身就体现出文本生产者的身份和所涉及的领域，以及传递文本资料的"特定目标"等。在对术语特征进行分析时，可以借助"注意力资源分配"理论框架，从而探究术语通过话语材料的选择与编排植入文本的目的。文本生产者的价值理念主导着文本生产，术语往往被有意识地裁剪并嵌入文本生产中，术语与文本的动态交汇、不断糅合是文本生产者主导着话语与文本受众之间对话的表现形式。因此，能够通过术语与文本的关联与互动探究文本生产者注意力资源分配的变化。

4.文本中嵌入价值理念，分析文本受众的建构过程

文本生产者在进行文本生产时有选择地对话语进行编排，实际上是

为了通过话语资源的调用实现对文本受众价值理念的干预。当话语被编排到文本生产者所生产的文本中，由于受文本生产者的控制和改造，文本能够以文本受众易于吸收与融合的话语来迎合受众的价值理念，从而接受文本生产者自身的价值理念嵌入需求。为了实现文本中嵌入价值理念从而对文本受众的建构过程进行分析，可以从社会因素层面和话语使用层面观察术语等话语形式在特定领域中的"再情景化"过程和特征表现形式。比如，在社会因素层面，观察话语所指称的价值理念如何嵌入文本接收者的认知中。在话语使用和社会因素两个层面上进一步阐释文本中话语与文本接收者的互动过程及相互作用。简而言之，在进行话语分析时应着重从"再情景化""指向性""价值理念"等理念建构过程对所选语料进行话语分析，进而认识实践中价值理念对文本接收者的建构机制。

第五章　LDA 主题模型分析在文本分析中应用的基础二：机器学习

　　机器学习是人工智能的重要分支，是涉及高等数学、计算机科学、哲学、心理学、神经学等多学科的交叉领域。机器学习算法为社会科学开展量化研究带来了新的发展契机。这种发展契机主要表现为解决了基于传统理论假设和统计知识的量化研究所建构模型的泛化能力不足的问题，充分发挥了社会科学研究所具有的社会预测功能。机器学习技术发展至今已经形成了完备的理论和方法体系，可以为文本分析提供分类、聚类、选元、建模等诸多方面的技术支撑。

　　基于此，本章围绕以下问题展开相关论述：第一，任何一个新方法的引入都是为了解决传统方法无法解决的问题，所以应弄清楚所要引入的机器学习方法能够为哪些问题的解决提供技术支撑；第二，相对于传统建模技术，基于机器学习的 LDA 主题模型技术引入文本分析具有的意义、目标与特征是什么；其三，机器学习的基本分析路径对 LDA 主题模型在文本分析中的应用有何启示。

一、机器学习的分类

经历了方法与技术的不断积累与突破，机器学习已经形成了完整的方法体系。依据数据集的特征标签是否进行预设，机器学习可以划分为监督学习、无监督学习和强化学习三类。

（一）监督学习

监督学习基于训练数据的结构特征对数据的分类与回归等进行基准算法的探索与优化，通过对基准算法的不断迭代优化从而找到能够尽可能最优描述所测试数据的输入到输出。监督学习通过使用标记的数据来学习一个函数，该函数将输入映射到输出，也就是说，结果变量的类别的值被分配了有意义的标签或标识。监督学习需要标记的训练数据，并且可以在标记的测试数据集中进行验证。简而言之，监督学习就是预先提供给机器学习算法大量已知输入和输出的数据，从而使机器学习算法学习到从输入到输出的映射。监督学习算法主要包括以下几种算法。

1.回归算法

回归算法在解决回归问题时假设输入特征和输出之间存在某种回归关系，然后根据数据特征从线性回归、决策树回归、随机森林回归等中选择方法进行模型学习，在使用测试数据评估模型性能的基础上使用模型进行预测。例如，在高铁开通对地区经济增长率的影响模型中，输入特征可能包括高铁的开通与否、高铁通车里程等，目标输出则是地区经济增长率。

2. 分类算法

分类算法需要根据数据的性质、所解决问题的复杂度，选择使用决策树、朴素贝叶斯、支持向量机、神经网络和 k 近邻算法等算法将数据划分到一组已定义的类别中。分类算法根据已有知识库对数据特征进行辨识，从而判断一个待处理数据归属于哪一类型。例如，根据可辨识特征将政策工具分为政策试点、项目制、规划等，面对新的政策工具，可以根据其辨识性特征进行分类。

3. 序列学习算法

序列学习算法用于处理有序的输入数据，如文本数据、时间序列数据。运用人工智能进行写作时，序列学习算法会预测与主题相关的内容大概率选用什么样的话语；在商品推荐的程序设计中，序列学习算法会根据用户的历史数据，建立标签、描述、关键词等信息的元数据，从而建立用户画像，然后根据用户画像为用户推荐喜欢的内容。

序列学习算法通常使用递归神经网络与隐马尔可夫模型来预测序列中的下一个元素。递归神经网络是一种由一个或多个循环层组成的神经网络架构，它利用每一个循环层的序列中的上下文信息进行预测。隐马尔可夫模型通过学习观测状态序列的概率分布来预测隐藏状态序列。

4. 搜索算法

搜索算法用于在一组数据中查找特定的元素。例如，在文本检索中，搜索算法根据所要查找的关键词或短语的性质、搜索的复杂度和计算能力选用二分搜索、k 近邻搜索、哈希搜索和决策树搜索等不同的学习算法进行搜索。

（二）无监督学习

无监督学习在没有预先识别数据的特征与结构的基础上，通过挖掘数据特征来构建算法，从而实现数据的聚类与降维。在无监督学习中，只会给计算机提供没有可知特征的数据，让机器学习自行进行探索性分析，从而发现数据之间的关系。无监督学习算法主要包括聚类算法与降维算法。

1.聚类算法

在机器学习中，聚类算法是一种无监督学习方法，其目的是将数据划分为若干个类簇，使得类簇内数据相似性最大，而类簇间的数据差异性最大。

聚类算法通常用于对数据进行分析和可视化，帮助了解数据的结构和特征。聚类算法也可以用于对数据进行分类，例如在文本分析中，聚类算法用于对文本中的话语进行分类，从而实现文本中主题的提取。其基本思想是选取 n 个初始聚类中心，然后将文本中的话语分配至与聚类中心距离最小的类簇中，之后经过 n 次类簇与聚类中心距离的判断、迭代，直到聚类中心不再变化为止。在使用聚类算法时，需要对聚类数量、聚类结果的质量以及异常值等进行判断、评估。

2.降维算法

降维算法也是一种无监督学习方法，其目的是减少数据的维度，以便使用更加高效的机器学习算法处理数据。该算法可以用于降低数据复杂度，使模型训练和预测效率更高。

在解决降维问题时，需要综合考虑降维前的数据特征与降维后的数据质量以综合尝试不同的降维程度，从而找到最佳的平衡点。例如，主成分分析是一种常用的降维算法，它通过保留数据中最大方差的特征来实现降维。线性判别分析则是一种用于分类问题的降维算法，它通过保留分类信息最丰富的特征来实现降维。

（三）强化学习

强化学习是机器学习中的一种重要类型，其包括在虚拟环境与真实环境中两种强化学习模式，前者以蒙特卡洛方法模拟虚拟环境中的参数实现数据输入，后者采集真实环境中的数据实现数据输入，两种强化学习模式都以"强化学习模型"的模式提供奖励，激励智能体利用有限的信息在有限的时间内形成最优决策策略。即智能体在未知、动态的环境中通过决策、执行、控制与反馈寻找与环境适应并实现回报最大化的策略，自动驾驶、AlphaGo等就使用了强化学习方法。强化学习关注的是一个智能代理对环境做出决定的过程，并在累积奖励概念的基础上进行策略，通过执行大量的试验并收集数据，最终实现策略的优化。

二、将机器学习引入文本分析的目的与基本过程

（一）将机器学习引入文本分析的目的

传统的文本分析方法在分析过程中存在以下不足。其一，文本中含有数量众多的异质性主题，理解文本中主题之间的逻辑关系需要依赖对文本背景知识的理解。文本的这些特征使得完成从文本中挖掘隐藏在文本背后的主题强度、主题演化、注意力变迁等文本分析核心任务具有较大难度。其二，传统的基于人工分析的文本主题识别模式依赖文本分析者的能力与素质，削弱了主题的概括性，导致研究结论的泛化能力差，

主要表现为文本分析结论会因对文本分析顺序的不同、分析者的不同而不同。

将不断成熟的机器学习算法引入文本分析中，充分利用机器学习算法在选元和建模等方面的技术优势，能够显著提升文本分析的效率与效果。效率与效果的提升体现在以下两个方面。一方面，有别于传统文本分析的思路，基于机器学习的建模技术通过引入偏差控制降低建模误差，有利于提升所建构模型的精度；另一方面，机器学习算法的交叉验证逻辑能够验证主题抽取的有效性与稳健性，为文本分析提供了可复制、可复现的文本分析路径。

（二）将机器学习引入文本分析的基本过程

将机器学习应用于特定主题的文本数据挖掘为开展文本量化研究提供了坚实的方法支撑。但是，文本数据不会自动呈现有用的信息，需要正确地选用机器学习技术与设计机器学习步骤，从而形成由技术和数据双重驱动的能够从数据集中挖掘出有价值信息的方法设计。机器学习算法应用于文本分析的基本过程包括机器学习算法的选用、文本准备、模型构建和交叉验证。

1.机器学习算法的选用

与建立在已经形成数据的量化研究方法不同，文本分析需要机器学习算法引入模型不断地对文本进行挖掘、认知，最后通过归纳形成能够表征文本的模型并进行验证。这种独特的方法论可以为社会科学量化研究带来很多启发，比如可以通过无监督学习算法对传统方法无法处理的高维数据进行低损耗的降维转换，这个过程不需要使用任何标注。该方法可以拓展传统社会科学研究意义上的实证数据范畴。基于分析文本的特点，可用于文本分析的机器学习算法包括贝叶斯概率分布、神经网络算法等。

2. 文本准备

在将机器学习算法应用于文本分析之前，准备所研究主题的文本是重要的。文本准备包括采用方法保证收集文本的完备性与进行文本的探索性分析。探索性分析用于总结和可视化数据的主要特征。

（1）应用于文本分析的机器学习使用多个文本数据源集中学习知识，从而识别出文本的主题强度与主题变迁。与传统统计方法不同，机器学习算法应用于文本分析需要充足的文本准备。一方面是因为用于文本分析的机器学习需要比传统建模方法更大的数据集，以使模型在没有进行预设训练的数据集中的效果优于传统建模方法所构建的模型。另一方面是因为机器学习所需的文本数量取决于数据维度和模型的复杂性，特别是对数据生成机制中未知的真实稀疏性和复杂性的权衡。

（2）进行文本的探索性分析。进行文本的探索性分析的目的是对文本的某些特征进行初步总结。进行文本的探索性分析是文本分析的基础，其可以通过描述来量化所研究的现象，例如评估变量在群体、国家或地理实体之间的流行率或分布情况，这可以通过几种算法来完成。在讲解文本分析中有关描述的研究目标之前，首先介绍两类相关的方法，即因子分析和聚类分析。

降维可以降低数据集的复杂性，以便有效地进行后续分析。因子分析将为所包含的变量提供因子和因子载荷。因子通常被用作后续分析中信息密集的变量。要为因子分析预选可解释和有意义的变量，领域知识是必要的，因为聚类分析不能从概念上区分变量，例如数据是来自人类还是来自其他来源。收集所形成的知识样本来自不同领域，如果不对知识样本进行特殊处理，容易混淆不同知识样本中变量的适用范围，从而降低后续理论建构中不同理论元素的解释能力。聚类分析是在相似性的基础上对数据进行分组。与因子分析不同的是，聚类分析可以同时测量个人层面和环境层面的变量。

3. 模型构建与验证

模型构建通常涉及训练、建模和验证三个步骤。首先应将数据拆分为训练集、测试集和验证集。

（1）训练。将所收集文本形成训练数据集，探索训练形成模型。在文本分析中，这种模型的训练主要表现为进行主题识别。这种主题识别是将文本数据通过人工或机器学习映射到一个低维的结构化数据上，例如将一段文本数据映射为政治态度主题或情感主题。传统文本分析的常规操作是依据分析者所具有的理论框架或理论直觉抽取文本主题，这种方法面对非结构化的高维稀疏的文本时会产生抽取主题存在主观性、抽取主题困难等问题。利用机器学习进行主题识别的过程实质上是将机器学习应用于文本集的训练数据中以进行主题识别，以分次迭代的方法估计模型中的参数，提升整个模型对文本集的适用性。即通过多次求最优的方法来训练整个模型和参数对文本的表征能力，这有助于提升模型的泛化能力。

（2）建模。建模是机器学习的核心任务。建模可将一个机器学习问题转化为数学问题，从而以最小的损失得到能够表征原有数据集的变量组合。建模有助于对所分析对象进行因素分离、变量描述。将机器学习引入文本分析，主要是为了从文本中得到具有一定逻辑的主题网络。将机器学习引入文本分析需要考虑文本中的复杂因素，寻找能将复杂文本进行简化的概念，这些概念为文本分析者提供了建模的载体。建模主要包括概念的引入、变量的确定、损失的最小化三步。

第一步，概念的引入。在机器学习中建模的第一步是概念引入。对文本数据进行分析需要借助概念对材料进行改造。这种改造实际上是对文本等数据的简化，从文本等数据中抽离出"本质成分"。如何建构一般化的概念，将"本质成分"挑选出来，需要选择有效性的概念，从而以此为参照物实现对文本等数据的离析与概括，离析出来的成分既能够对文本等数据进行有效描述，又能够反映文本中诸因素之间的相互联系。

第二步，变量的确定。利用概念完成了对文本等数据的初步离析与概括，下一步便是从文本等数据中抽取变量以恰如其分地描述整个数据。变量的主要功能是结构性地映射文本等数据，依靠变量可以建立理论命题之间的逻辑关联，并且这种逻辑关联必须基于文本等数据中存在的事实逻辑。

第三步，损失的最小化。变量确定以后，可以定义一个衡量损失的目标函数来界定模型的拟合偏差值。机器学习的目标是最小化损失函数。依据奥卡姆剃刀原则"如无必要，勿增实体"，在目标函数中应添加一个惩罚项。惩罚项是随模型复杂度增加而增加的单调递增函数，目的在于借助算法剔除式中的无关变量，从而有效限制模型的复杂程度以遏制过度拟合的发生，最终得出一个平均误差和模型复杂度都较小的模型。

以常见的"特定主题的政策变迁文本"分析为例，来解释机器学习在文本分析中应用时如何建模。收集一定时期的特定议题的政策文本形成文本集。通过相关政策变迁理论与文献发现，政策变迁的研究集中于变迁驱动因素（政治流、政策流、问题流）、变迁形态分析、政策倡议联盟研究（主要政策倡导者的价值理念变迁分析）、政策网络理论框架（主要侧重于政策相关利益方的博弈与合作），从这些成熟的理论框架中得到的理论元素与理论逻辑可以为接下来的建模提供理论方向。利用通过数据训练确定的词频以及政策文本的新词能够实现政策文本的主题聚类，而主题聚类方向的确定主要依据前述的理论方向。

（3）验证。与工具变量、双重差分等验证严密的统计模型相比，机器学习并没有严格遵循数理推理的建模思路和方法体系，但是其通过一定程序、措施降低了模型的"泛化误差"，进而提升了模型的泛化能力。为了优化验证和测试阶段的结果，交叉验证方法是机器学习建模和参数估计的常用方法。

具体而言，模型往往是确定的，并没有多个候选模型。针对模型选择的场景，需将整个数据集划分为训练集、验证集、测试集三部分。这种情况下，建模过程中会训练多个模型，验证集用于评估它们训练后的表现情况，从而选择最佳的模型。接着可以把训练集和验证集合并起来，继续训练所选择的模型，从而获得最终模型，测试集用于检测模型的泛化能力。对多次评估的结果取平均值作为最终的模型表现。这样做的目的是防止单次的数据集划分不合理造成的模型过拟合问题。依据不同的测试集切分方法，交叉验证方法主要包括简单交叉验证、k折交叉验证、留一交叉验证等。

（1）简单交叉验证。简单交叉验证是将数据集简单划分为训练集与测试集，从而对泛化误差进行估计的模型评估方法。其将同一数据划分为两部分，分别进行模型训练与泛化误差的估计，其中用来进行模型训练的数据集被称为训练集，用来测试模型误差的数据集被称为测试集。由于两部分数据不同，泛化误差的估计则在新的数据上进行，这样做所得结果可以更接近真实的泛化误差。虽然对数据集进行了训练集与测试集的划分，但由于可用数据有限，机器学习进行数据分析所获得的结论的可信度依然较低。在数据无法扩容的约束下，对模型可靠性与稳健性进行提升的一种可行方法就是对数据进行多次的训练集与测试集的切分，从而有效满足统计对数据量的要求。后述的 k 折交叉验证法与留一交叉验证法都是在简单交叉验证的基础上根据验证目的对局部路径进行优化而得到的方法。

（2）k 折交叉验证。k 折交叉验证在验证的方法上同简单交叉验证方法相同，不同之处是 k 折交叉验证在训练集与验证集的划分上有所改进，其将文本集的顺序打乱并均匀分成 k 份，轮流抽取其中的 $k-1$ 份进行模型的训练，并将剩余的一份用于对模型的稳健性与有效性进行验证，渐进式地选择模型的最优结构。

（3）留一交叉验证。留一交叉验证假定数据集 D 中包含 m 个样本，将这个数据集划分为 m 份，每个子集包含一个样本，依次使用 $m-1$ 个数据集进行模型的训练，然后使用剩余的一个子集作为测试。留一交叉验证不受随机样本划分方式的影响，并且在保证训练集与初始数据集相比只少了一个样本的情况下提高了数据的样本量，从而能够有效评估所建构模型与数据集所含有的实际模型的相似程度。

第六章　LDA 主题模型研究方法设计

LDA 主题模型是近年来备受关注的信息检索与数据挖掘领域的核心技术，其可以很好地表征大规模文本语料的语义信息。从前面各章的分析中可以看出，LDA 主题模型是一种对文本进行有效降维并挖掘文本集主题网络分布的方法。其在文档、主题、词汇三个维度分别使用贝叶斯概率模型进行主题信息的抽取，即其假设文档所对应的主题服从潜在狄利克雷分布，每个主题对应的词服从潜在狄利克雷分布，文档 – 主题的分布参数 α 和主题 – 词的分布参数 β 服从潜在狄利克雷分布。LDA主题模型避免了其他文本分析方法存在的可重现性与分类性能不足的问题，是一种能高效处理大规模文本语料并能定量把控文本分类性能和效率的文本分析方法。

一、LDA 主题模型分析在文本分析中应用的典型路径

应用 LDA 主题模型的目标是在已知的文本训练集合中进行主题建模，在文本集的主题 – 文本矩阵上训练主题聚类，多次使用潜在狄利克雷分布将每个文本表示为主题的概率分布，从而用一定数量的最具

代表性的主题来表征文本集合。其对文档具有良好的降维能力。本章聚焦 LDA 主题模型在文本分析中的这些关键环节与关键功能，并基于前述章节，对已有的 LDA 主题模型应用的关键路径进行梳理，构建 LDA 主题模型分析的典型路径。LDA 主题模型在文本分析中应用的典型路径如下：在文本收集阶段，根据特定议题确定关键词并进行相关文本的收集；在文本预处理环节，对主题建模所涉及的文本进行分词、去除无效词等操作，获得 LDA 主题模型分析所需的格式化数据；在模型构建环节，对文本集整体应用 LDA 主题模型分析，主要包括确定最优主题数与产生文本集合的主题分布；在主题强度变化与主题内容变化分析阶段，依据文本的时间分布进行时间轴的文本划分，确定每一个阶段的最优主题数，之后进行主题强度变化与主题内容变化的分析。本章所设计的 LDA 主题模型分析典型路径，提升了模型的泛化能力，能够应对多场景下的复杂文本处理任务。

典型的 LDA 主题模型分析步骤如图 6-1 所示。

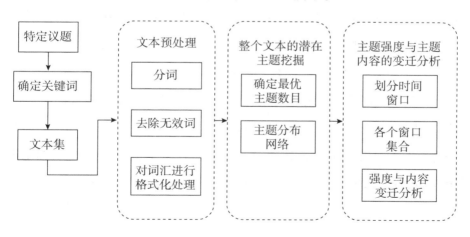

图 6-1　典型的 LDA 主题模型分析步骤

第一，围绕特定研究问题收集丰富的文本。文本分析不仅仅要求围绕相关研究问题或假设收集丰富的文本，而且要关注文本背后丰富的细节，并将其相关的情境予以摹写。

第二，进行文本集预处理，对所收集文本中的无效数据进行清理。

第三，利用 LDA 主题模型对所收集到的特定议题的文本进行主题降维与潜在主题挖掘。具体地讲，在这一过程中，LDA 主题模型对特定议题的文本集合应用了三层贝叶斯概率模型。按照由宏观到微观的维度推进，三层贝叶斯概率分布分别是每个文档所包含的主题分布服从潜在狄利克雷分布，支撑起或隶属于每个主题的文本中的词汇的分布服从潜在狄利克雷分布，文本 – 主题的分布参数与主题 – 词的分布参数服从潜在狄利克雷分布。

第四，利用困惑度评价方法确定所收集到的特定议题的文本的最优主题数目。本书采用困惑度指标计算最优主题数目，主要是通过综合评价主题数目与困惑度数值的下降幅度来综合确定最优主题数的。在 LDA 主题模型中，通常选择文本中的词作为特征项，并基于词袋模型形成词频分布矩阵，从而提取出文本的内容特征，通过计算词项和类别之间存在的关系构造文本分类。

第五，在整个时间轴上确定时间窗口，并将整个文本集合根据时间窗口划分为若干个文本集合，对划分后的每个文本集合重新进行 LDA 主题模型分析以获得主题网络分布，然后在文本集合整体的主题网络分布与分集合的主题网络分布基础上进行主题内容与主题强度的变迁分析。

二、文本的收集

区别于传统文本收集方法，LDA 主题模型分析所进行的文本收集主要围绕研究主题进行关键词的预设，然后以主题的预设体系为基础进行特定方向的文本收集，即对研究主题的关键词解析引导着从哪些视角与方向来寻找与主题相关的文本。

LDA 主题模型分析处理文本的目的是形成具有代表性的主题词与主题网络，因此不存在按照代表性来分配抽样，而是需要根据研究主题与研究目的进行广泛的文本收集。为了达成广泛的收集文本的目标，在收集文本时可采用主题检索与滚雪球检索方法并用的混合检索方法，即采用持续追踪并延伸主题线索的方法来收集文本样本。这种方法能充分收集符合文本分析任务的文本，从而能够展示关于研究主题的完整图景。第一，这种方法能够收集足够的文本以实现研究主题代表性的充分实现。第二，这种方法能够展现特定研究主题的词汇群、主题网络。第三，这种方法能够支撑文本集合中主题的抽取，从而使得文本分析完成从话语体系到主题网络的抽象。

三、文本数据预处理

LDA 主题模型分析所面对的文本集规模庞大、结构不一、逻辑复杂，同时带有许多文本语义模糊的缩略词以及特殊领域的词汇等，增加了抽取主题的难度。所以，有必要针对文本进行预处理，从而使文本能够有效表达主题信息。在应用 LDA 主题模型分析前，对文本数据预处理的方式主要是基于标点符号与词语意义完整性分割文本，并去除常用停用词、联结词等。简而言之，对文本的预处理主要包括去除无效词、对词语进行格式化处理。

（一）去除无效词

相较于其他文本挖掘技术，LDA 主题模型分析技术在主题挖掘方面具有显著优势。LDA 主题模型分析能够充分挖掘文本中词语间的关系，以贝叶斯概率分布模型抽取文本中主题，因此所建构模型的效果较好。但 LDA 主题模型分析面对的分析对象是具有一定规模的语料，所挖掘的特征词对文本主题语义表征程度对主题建模结果具有重要影响。因此，面对复杂的受训练语料、任务情境等，提升 LDA 主题模型分析的精准度与效率的重要前置步骤是去除文本中无实际语义的词语以实现语料降维，减少模型推理时间。

为获取模型所需的格式化数据，文本预处理阶段需要用到分词、去停用词以及特征词选择等预处理技术。其中，LDA 主题模型分析处理文本集的第一个步骤是利用成熟的分词工具，如 Python 中的 jieba 分词包对文本进行分词，然后结合专用的停用词表去除数字、英文、介词、代词和其他无意义的高频词语。特征词选择是在前述对文本进行分词与去停用词的基础上从文本集中选择能够表征文本主题的词语，常用的方法有词性过滤与领域词表过滤等。词性过滤主要通过词性标注过滤出对主题建构贡献较大的词语以便高效地实现文本降维。基于领域性词语进行词语选择主要是利用特定领域的专业性词语对文本中的词语进行过滤，能够有效提高主题词的领域纯度和与主题的贴切性。值得注意的是，分词算法的选择、特定领域词库的质量以及特征词的过滤方法都会影响文本中主题建构的效率与效果。因此，应从多维度多次运用不同的方法对文本进行探索性的预处理，并不断进行文本预处理质量的评估以提高文本预处理的质量。

（二）对词语进行格式化处理

LDA主题模型将文本集合转化成"文档－主题－词"三层概率生成模型，其中每一层都被抽象建模为上一层的有限集合。在文本建模的上下层次中，主题概率提供了文档的显性表示，即每个主题都是由文档中的不同单词生成的。每个文档都被表示为这些主题的混合，不论主题的分布还是词语的分布都可以简化为一组概率分布，这个分布就是与文档相关联的"简化描述"。

LDA主题模型分析的基础是假设文档是由一些共同的因素或者主题构成的，每个主题都有一个单独的词语分布。LDA主题模型并不关注文档使用了哪些具体的词语，而是更关心这些词语在文档集合中所反映出来的主题网络。LDA主题模型分析对文档进行处理的实质是把它们映射到一个比原始的词汇空间能更好地体现文档所反映的主题网络的意义空间里。因此，LDA主题模型分析的实现基于词袋假设，即在分析时忽略文档中词的顺序，文档中单词具有可互换性的假设。其将文本中的所有词语置于虚拟的"袋子"里，并赋予其唯一的编号，每个词都具有了独特的"身份标识码"，然后统计每个词在文档中出现的次数，并计算其在文档中的权重。把所有文档都这样处理之后，就得到了以行代表文档、以列代表词语的二维序列，序列中的数字就是词语在文档中出现的次数。工作原理是LDA主题模型借助词袋模型描述文本中词语的频率，通过概率主题模型发现文本、主题、词语之间的依赖关系，从而描绘出文本集所具有的"文档－主题－词"的分布。

　　每个文档都由一个关于这些主题的分布来描述。LDA 主题模型分析把文档的维度从 V（词汇量）降低到 K（主题数），把词频矩阵转换成词频率矩阵。LDA 主题模型的基础假设是所收集文本集的每个文档都是由多个主题按照不同的排列顺序构成，而每个主题又由词语按照概率分布构成。因此，LDA 主题模型使用潜在狄利克雷分布来估计这些主题和词语分布，从而形成理解文本数据潜在语义结构的数据表示。

　　假设经过文本的采集得到包含 M 个文本的文本集，整个文本集合共有 N 个词语，其中经过困惑度指标计算获得的最优主题数为 K 个。利用潜在狄利克雷分布不断根据设定的参数取样生成文本的主题分布；从潜在狄利克雷分布中不断根据设定的参数取样生成文本主题的词分布。上述过程是不断重复的，直到所收集的文本都经过上述程序的处理，最终得到所收集文本集的主题分布及各主题的词分布。为了更好地在文本分析中使用 LDA 主题模型分析，图 6-2 展示了 LDA 主题模型分析在文本分析中的步骤。

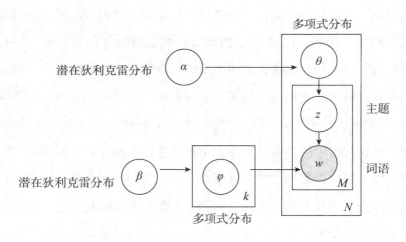

图 6-2　对预处理后的文本进行 LDA 主题模型分析的步骤

图 6-3 展示了 LDA 主题模型应用于文档集主题建模的符号约定。

符号	描述
K	主题数量
N	第 m 篇文档的总词语数
M	语料集中文档的数量
$W_{m,x}$	第 m 篇文档的第 n 个词
$Z_{m,n}$	第 m 篇文档的第 n 个词的主题
α	主题的先验概率，θ 的超参数
β	词语的先验概率，φ 的超参数
θ	第 m 篇文档主题多项式概率分布
φ	第 z 个主题的词汇多项式概率分布

图 6-3　对预处理后的文本进行 LDA 主题模型分析的符号约定

从以上内容可以看出，LDA 主题模型分析通过确定最优主题数、吉布斯采样等来推测文本生成过程，这涉及最优主题数、可能的主题、主题在文档中的分布三个核心问题。因此，通过确定最优主题数与吉布斯采样近似求解变量，LDA 主题模型能够从文档集中推断出每篇文档的主题分布，从而实现文本的主题建模和分类。

四、利用困惑度指标确定最优主题数

基于 LDA 主题模型的文本分析方法使用不断迭代确定主题从而对文本集合进行拟合的方法来对所要分析的文本集合进行建模。其假设文本集能表示成具有特定主题数的概率分布，可以通过确定最优主题数与进行吉布斯采样对文本在主题集上的概率分布进行推理。要确定最优主题数及进行吉布斯采样就要先对参数进行估计，这是因为参数事先无法确定，而且主题数的确定对文本中语义信息的呈现具有举足轻重的影响。因此，LDA 主题模型分析在文本分析中应用的关键步骤之一就是确定最优主题数。本书采用困惑度指标来确定最优主题数，使模型对于文本集数据中的有效信息拟合最佳。

困惑度指标是 LDA 主题模型分析中用概率模型对测试数据进行预测的度量，通常用来评估语言模型对文本的生成能力。困惑度指标的值越低，表示模型的性能越好。困惑度指标的计算公式[①] 为

$$perplexity(D) = \exp\left\{ -\frac{\sum_{d=1}^{M} \log_2 p(w_d)}{\sum_{d=1}^{M} N_d} \right\} \tag{6-1}$$

式中：D 表示所面对的文本集中的进行困惑度测试的部分；M 指进行困惑度测试的文本的篇数；N_d 表示测试集中所有词语的总数；$p(w_d)$ 表示文档中某一词语产生的概率。这个困惑度指标的计算公式表明困惑度在一定程度上是主题数量的反向指标，与主题数量呈反向的增长特征。在实际应用中，困惑度指标通常用于比较不同模型的性能，或者在模型训练过程中监控模型的进步。一个低的困惑度指标值意味着模型能够更好地捕捉到语言的统计特性，从而在生成或预测文本时更加准确。在最优主题数的确定上，主题与困惑度指标的值的变化呈现反向相关的关系，并且主题数目受到算力限制具有上限。因此，为了使模型拟合最优与算力使用最优，应对困惑度指标的值和主题数目进行平衡，选择使困惑度指标值最小和主题数最少的数值作为 LDA 主题模型训练的最优数目。

---

① BLEI D M, Ng A Y, JORDAN M I. Latent dirichlet allocation[J].Journal of machine learning research, 2003, 3: 993-1002.

五、利用吉布斯采样近似求解变量

LDA 主题模型分析用于文本分析时需要进行参数的估计，这些参数的估计是 LDA 主题模型能否有效进行文本分析的关键。在 LDA 主题模型中进行的参数估计基于对每个话题的单词分布、每个文本的话题分布以及文本每个位置的话题关系的求解。这种参数的估计是无法直接进行求解的，根据第二章 LDA 主题模型应用的元分析结论，本章在设计 LDA 主题模型在文本分析中的应用方法时主要采用吉布斯采样方法来近似求解。

文本中的采样是指抽取一定数量的文本形成主题的概率分布，从而观测文本中主题的分布。但是，文本集合中的主题的分布是具有马尔可夫性质的离散事件随机过程。即在给定所收集的文本知识或信息的情况下，已知的特定文本的知识对于预测文本中主题的概率分布是无用的，因此需要使用与最大期望算法等确定性算法相区别的吉布斯采样方法。吉布斯采样将文本中存在的主题处理为多变量的概率分布，同时针对无法使用传统抽样方法估计的主题分布特征，有针对性地采用马尔可夫链近似抽样进行推断。吉布斯采样以马尔可夫链算法作为抽样的模本，采用渐进式学习方法，即假定每一条序列只包含一个特定长度的位置数据，在各条序列上随机选取一个模型的起始位置建立初始训练集，然后通过抽样、迭代模型并引入目标函数进行评估，进而对主题的概率分布进行最优模拟。吉布斯采样步骤详述如下。

第一步是对整个文本集合中的格式化处理后的词语进行数据标记。将 i 定义为从 1 到 N 之间的某个随机整数。N 是待分析文本集中所有经过格式化处理的词语总数。

第二步是迭代。i 从 1 循环到 N，将第一步所整理的词语分配给主题，从而建立文本集合中隐含主题 – 文本矩阵的概率分布，获取马尔可夫链的状态分布。

第三步是估算 φ 和 θ 的值。第二步中隐含主题 – 文本矩阵的概率分布的不断迭代使获得的马尔可夫链接近目标分布，在判断标准上不断迭代以保证整个模型的自相关较小，从而估算出 φ 和 θ 的参数值。

六、对 LDA 主题模型的主题抽取效果的评估

基于 LDA 主题模型的文本分析将主题抽取作为分析的重要中间过程，然后进行文本中词语的分类或者聚类等来实现文本的抽象，因此应从分类或者聚类的效果对 LDA 主题模型的主题抽取效果进行评价。对 LDA 主题模型的主题抽取效果的评估一般从主题抽取的覆盖度与准确度两方面进行。主题抽取的覆盖度主要分析 LDA 主题模型所抽取的主题对文本主题的覆盖范围，覆盖范围越广意味着所抽取的主题对所分析文本集合的表征效果越好；主题抽取的准确度主要分析 LDA 主题模型所抽取的主题对文本主题抽取的有效性，准确度越高意味着所抽取的主题能够越准确地反映文本集合的主题分布。

本书所设计的 LDA 主题模型方法综合采用查准率 P、查全率 R 来评价文本分析中 LDA 主题模型对主题抽取的效果。利用查准率与查全率进行评价离不开专家的判断和对文本集合背景的熟悉。操作步骤为根据文本集合背景和专家的判断对抽取的主题进行评价，从中找到符合文本集合大致主题分布的有效主题，剔除在语义上存在逻辑混乱、存在歧义、无实际意义的无效主题。

（1）LDA 主题模型中的查准率是 LDA 主题模型所抽取的被专家评

估为有效的主题占抽取的有效主题总数的比例，其公式为 $P=Tcorrect/Textract$。$Textract$ 为 LDA 主题模型抽取的有效主题的数目，$Tcorrect$ 为有效主题中被专家判断为能够反映文本集合主题的主题数目。

（2）LDA 主题模型中的查全率是 LDA 主题模型抽取的有效主题占经过专家评判从文本中抽取的主题综述的比例，其公式为 $R=Tstandard/Textract$。$Textract$ 为 LDA 主题模型抽取的有效主题的数目，$Tstandard$ 为基于文本集合的背景研究和专家评判得到的能够覆盖文本集合主题网络的主题数目。

七、进行主题演化分析

对所收集到的文本集使用 LDA 主题模型进行整体分析无法探测话题的产生与话题的演化。因此，在对特定议题的知识样本进行整体分析的基础上，将知识样本按照文本的生产时间形成演化时间轴序列，对时间轴序列中的文本运用 LDA 主题模型进行分析，便能够呈现知识样本在时间轴上的主题内容与主题强度的演化。文本中主题的生成与演化不仅受其所属话题的影响，也受到时间属性的影响，因此在 LDA 主题模型分析结合文本的生产时间因素，可以通过演化的动态分析发现文本中主题演化所蕴含的大量有价值的知识。具体而言，首先在整个文集上用 LDA 主题模型获取所有的话题。其次按照文本的时间演化将文本离散到相应的时间窗口。再次通过相似主题在不同时间窗口中的文档所占的比例，解释文本主题在不同时间窗口下强度的变化。最后从词汇的维度，通过不同时间窗口中主题 – 词汇分布解释主题内容的变化。

本章基于文本特点进行了 LDA 主题模型的路径设计，利用困惑度指标计算模型最优主题数目，利用吉布斯采样方法进行参数估计，用后离散时间的方法研究主题强度的演化，用先离散时间的方法研究主题内容的演化，整个路径设计科学且全面地分析了文本主题的演化，对追踪特定领域的主题强度变化与主题演化趋势具有实践意义，例如可以收集特定议题的舆论文本，监测特定议题的发展进程，以达到舆情管理的目的。

参考文献

[1] 张德禄 . 多模态话语分析综合理论框架探索 [J]. 中国外语，2009，6（1）：24-30.

[2] 朱永生 . 话语分析五十年：回顾与展望 [J]. 外国语（上海外国语大学学报），2003（3）：43-50.

[3] 黄国文，徐珺 . 语篇分析与话语分析 [J]. 外语与外语教学，2006（10）：1-6.

[4] 辛斌，高小丽 . 批评话语分析：目标、方法与动态 [J]. 外语与外语教学，2013（4）：1-5，16.

[5] 徐赳赳 . 话语分析二十年 [J]. 外语教学与研究，1995（1）：14-20，80.

[6] 纪玉华 . 批评性话语分析：理论与方法 [J]. 厦门大学学报（哲学社会科学版），2001（3）：149-155.

[7] 丁和根 . 大众传媒话语分析的理论、对象与方法 [J]. 新闻与传播研究，2004（1）：37-42，95.

[8] 辛志英 . 话语分析的新发展——多模态话语分析 [J]. 社会科学辑刊，2008（5）：208-211.

[9] 张德禄，郭恩华.多模态话语分析的双重视角——社会符号观与概念隐喻观的连接与互补 [J].外国语（上海外国语大学学报），2013，36（3）：20–28.

[10] 辛斌.批评话语分析中的认知话语分析 [J].外语与外语教学，2012（4）：1–5.

[11] 辛斌.批评话语分析：批评与反思 [J].外语学刊，2008（6）：63–70.

[12] 刘立华.批评话语分析概览 [J].外语学刊，2008（3）：102–109.

[13] 徐赳赳.话语分析在中国 [J].外语教学与研究（外国语文双月刊），1997（4）：21–25，81.

[14] 单胜江.新闻语篇的批评性话语分析 [J].外语学刊，2011（6）：78–81.

[15] 甘莅豪.媒介话语分析的认知途径：中美报道南海问题的隐喻建构 [J].国际新闻界，2011，33（8）：83–90.

[16] 何伟，魏榕.话语分析范式与生态话语分析的理论基础 [J].当代修辞学，2018（5）：63–73.

[17] 黄敏."新闻作为话语"——新闻报道话语分析的一个实例 [J].新闻大学，2004（1）：27–34.

[18] 纪卫宁.话语分析——批判学派的多维视角评析 [J].外语学刊，2008（6）：76–79.

[19] 田海龙.认知取向的批评话语分析：两种路径及其特征 [J].外语研究，2013（2）：1–7.

[20] 肖珺.多模态话语分析：理论模型及其对新媒体跨文化传播研究的方法论意义 [J].武汉大学学报（人文科学版），2017，70（6）：126–134.

[21] 姚银燕，陈晓燕.对视频语篇的多模态话语分析——以一则企业形象电视广告为例 [J].外国语文，2013，29（1）：86-91.

[22] 赵为学.新闻传播学研究中话语分析的应用：现状、局限与前景 [J].上海大学学报（社会科学版），2008（4）：90-99.

[23] 武建国.批评性话语分析：争议与讨论 [J].外语学刊，2015（2）：76-81.

[24] 刘世生，刘立华.评价研究视角下的话语分析 [J].清华大学学报（哲学社会科学版），2012，27（2）：134-141，160.

[25] 李战子.话语分析与新媒体研究 [J].当代修辞学，2016（4）：46-55.

[26] 谢立中.多元话语分析：社会分析模式的新尝试 [J].社会，2010，30（2）：1-19.

[27] 赖彦.新闻标题的话语互文性解读——批评话语分析视角 [J].四川外语学院学报，2009，25（S1）：78-82.

[28] 陈岳芬，李立.话语的建构与意义的争夺——宜黄拆迁事件话语分析 [J].新闻大学，2012（1）：54-61.

[29] 钟兴菊.地方性知识与政策执行成效——环境政策地方实践的双重话语分析 [J].公共管理学报，2017，14（1）：38-48，155-156.

[30] 范宏雅.近三十年话语分析研究述评 [J].山西大学学报（哲学社会科学版），2003（6）：97-100.

[31] 罗昶，丁文慧，赵威.事实框架与情感话语：《环球时报》社评和胡锡进微博的新闻框架与话语分析 [J].国际新闻界，2014，36（8）：38-55.

[32] 丁和根.新闻传播研究中话语分析与框架分析之比较 [J].当代传播，2019（6）：4-9.

[33] 田海龙.作为社会实践的翻译——基于批评话语分析的理论思考与方法探索 [J].外语研究，2017，34（3）：60-64，71，112.

[34] 李建利.话语分析与新闻语言 [J].西北大学学报（哲学社会科学版），2005，35（6）：152-154.

[35] 李亚，尹旭，何鉴孜.政策话语分析：如何成为一种方法论 [J].公共行政评论，2015，8（5）：55-73，187-188.

[36] 安桂清.话语分析视角的课堂研究：脉络与展望 [J].全球教育展望，2013，42（11）：21-28，59.

[37] 胡东平，易来宾.话语分析：反思与建构 [J].外语学刊，2009（1）：95-97.

[38] 胡春阳.传播研究的话语分析理论述评 [J].西南民族大学学报（人文社科版），2007（5）：152-155.

[39] 谢立中.多元话语分析：以社会分层研究为例 [J].社会学研究，2008（1）：68-101，244.

[40] 丁建新.对话、殷勤之意与语篇声音——关于旅游广告语域中人际习语表达的话语分析 [J].现代外语，2004（1）：32-39，105.

[41] 丁建新，沈文静.边缘话语分析：一些基本的理论问题 [J].外语与外语教学，2013（4）：17-21.

[42] 樊友猛，谢彦君，王志文.地方旅游发展决策中的权力呈现——对上九山村新闻报道的批评话语分析 [J].旅游学刊，2016，31（1）：22-36.

[43] 许家金.从结构和功能看话语分析研究诸方法 [J].解放军外国语学院学报，2004（2）：1-5，19.

[44] 彭长桂，吕源.制度如何选择：谷歌与苹果案例的话语分析 [J].管理

世界，2016（2）：149-169.

[45] 赵万里，穆滢潭. 福柯与知识社会学的话语分析转向 [J]. 天津社会科学，2012（5）：62-68.

[46] 严明. 话语分析的基础：话语共同体 [J]. 外语学刊，2009（4）：100-102.

[47] 范逢春. 国家治理现代化场域中的社会治理话语体系重构——基于话语分析的基本框架 [J]. 行政论坛，2018，25（6）：109-115.

[48] 徐健，陈红，陈卫平. 权力、话语操控与意识形态——从批评性话语分析视角解读外刊新闻标题 [J]. 社会科学家，2009（4）：154-158.

[49] 林聚任. 从话语分析到反思性——科学知识社会学发展的一个新趋向 [J]. 自然辩证法通讯，2007（2）：55-61，111.

[50] 左明章，赵蓉，王志锋，等. 基于论坛文本的互动话语分析模式构建与实践 [J]. 电化教育研究，2018，39（9）：51-58.

[51] 陈平. 话语分析与语义研究 [J]. 当代修辞学，2012（4）：2-9.

[52] 王鹏，林聚任. 话语分析与社会研究方法论变革 [J]. 天津社会科学，2012（5）：69-74.

[53] 靳永翥，刘强强. 从公众话语走向政策话语：一项政策问题建构的话语分析 [J]. 行政论坛，2017，24（6）：56-62.

[54] 王海平. 文本诠释与话语分析——教育政策社会学方法论初探 [J]. 基础教育，2016，13（5）：22-27，33.

[55] 殷祯岑. 语篇·主体·精神分析——话语分析的精神分析方法浅论 [J]. 当代修辞学，2015（3）：55-67.

[56] 詹姆斯·保罗·吉. 话语分析导论：理论与方法 [M]. 杨炳钧，译. 重庆：重庆大学出版社，2011.

[57] 凌建侯. 巴赫金哲学思想与文本分析法 [M]. 北京：北京大学出版社，2007.

[58] 辛斌，李曙光. 汉英报纸新闻语篇互文性研究 [M]. 北京：外语教学与研究出版社，2010.

[59] 费尔克拉夫. 话语与社会变迁 [M]. 殷晓蓉，译. 北京：华夏出版社，2003.

[60] 费尔克劳. 话语分析：社会科学研究的文本分析方法 [M]. 赵芃，译. 北京：商务印书馆，2021.

[61] 迪克. 作为话语的新闻 [M]. 曾庆香，译. 北京：华夏出版社，2003.

[62] BHATIA V K. Worlds of written discourse[M].New York： Continuum，2004.

[63] FAIRCLOUGH N.Critical discourse analysis and the marketization of public discourse analysis：the universities [J].Discourse and society，1993，4（2）：133–168.

[64] ELLIOTT R. Discourse analysis：exploring action，function and conflict in social texts [J]. Marketing intelligence & planning，1996，14（6）：65–68.

[65] HARDY C. Researching organizational discourse[J]. International studies of management and organization，2001，31（3）：25–47.

[66] PENG C G，LIU S B，LU Y. The discursive strategy of legitimacy management：a comparative case study of google and apple's crisis communication statements[J].Asia pacific journal of management，2021，38（2）：519–545.

[67] 石荣，张特，杨国涛. 计量经济学中的机器学习方法：回顾与展望 [J].

统计与决策，2024，40（1）：52-56.

[68] 郭峰，陶旭辉.机器学习与社会科学中的因果关系：一个文献综述 [J].经济学（季刊），2023，23（1）：1-17.

[69] 郦全民，项锐.机器学习与科学认知的新方式 [J].社会科学，2022（1）：130-135.

[70] 陈云松，吴晓刚，胡安宁，等.社会预测：基于机器学习的研究新范式 [J].社会学研究，2020，35（3）：94-117，244.

[71] 王芳，王宣艺，陈硕.经济学研究中的机器学习：回顾与展望 [J].数量经济技术经济研究，2020，37（4）：146-164.

[72] 刘丽艳，朱成全.机器学习在经济学中的应用研究 [J].天津师范大学学报（社会科学版），2020（2）：51-58.

[73] 高华川.机器学习在经济学中的应用 [J].纳税，2019，13（24）：152-153.

[74] 马黎珺，伊志宏，张澈.廉价交谈还是言之有据？——分析师报告文本的信息含量研究 [J].管理世界，2019，35（7）：182-200.

[75] 罗家德，刘济帆，杨鲲昊，等.论社会学理论导引的大数据研究——大数据、理论与预测模型的三角对话 [J].社会学研究，2018，33（5）：117-138，244-245.

[76] 刘涛雄，徐晓飞.互联网搜索行为能帮助我们预测宏观经济吗 [J].经济研究，2015，50（12）：68-83.

[77] 钱浩祺，龚嫣然，吴力波.更精确的因果效应识别：基于机器学习的视角 [J].计量经济学报，2021，1（4）：867-891.

[78] 黄乃静，于明哲.机器学习对经济学研究的影响研究进展 [J].经济学动态，2018（7）：115-129.

[79] 贝尔. 机器学习实用技术指南 [M]. 邹伟，王燕妮，译. 北京：机械工业出版社，2018.

[80] 王国成. 计算社会科学引论：从微观行为到宏观涌现 [M]. 北京：中国社会科学出版社，2015.

[81] 维纳. 控制论 [M]. 郝季仁，译. 北京：科学出版社，1963.

[82] 赵玉鹏. 机器学习的哲学探索 [M]. 北京：中央编译出版社：2013.

[83] 吕晓玲，宋捷. 大数据挖掘与统计机器学习 [M]. 北京：中国人民大学出版社：2016.

[84] 周中元，黄颖，张诚，等. 深度学习原理与应用 [M]. 北京：电子工业出版社：2020.

[85] CORTES C，VAPNIK V. Support-vector networks [J].Machine learning，1995（20）：273-297.

[86] GOLDBERG D E. Genetic algorithms in search，optimization and machinel learning[M]. Boston：Addison-Wesley Publishing Company，1989.

[87] MOUDUD UL HUQ S. The role of artificial intelligence in the development of accounting systems：a review[J]. IUP journal of accounting research and audit practices，2014，13（2）：7-19.

[88] LIN P，HAZELBAKER T. Meeting the challenge of artificial intelligence[J]. The CPA journal，2019，89（6）：48-52.

[89] 张晨逸，孙建伶，丁轶群. 基于 MB-LDA 模型的微博主题挖掘 [J]. 计算机研究与发展，2011，48（10）：1795-1802.

[90] 王振振，何明，杜永萍. 基于 LDA 主题模型的文本相似度计算 [J]. 计算机科学，2013，40（12）：229-232.

[91] 关鹏，王曰芬.科技情报分析中 LDA 主题模型最优主题数确定方法研究 [J].现代图书情报技术，2016（9）：42–50.

[92] 张志飞，苗夺谦，高灿.基于 LDA 主题模型的短文本分类方法 [J].计算机应用，2013，33（6）：1587–1590.

[93] 单斌，李芳.基于 LDA 话题演化研究方法综述 [J].中文信息学报，2010，24（6）：43–49，68.

[94] 胡吉明，陈果.基于动态 LDA 主题模型的内容主题挖掘与演化 [J].图书情报工作，2014，58（2）：138–142.

[95] 石晶，胡明，石鑫，等.基于 LDA 模型的文本分割 [J].计算机学报，2008（10）：1865–1873.

[96] 唐晓波，向坤.基于 LDA 模型和微博热度的热点挖掘 [J].图书情报工作，2014，58（5）：58–63.

[97] 姚全珠，宋志理，彭程.基于 LDA 模型的文本分类研究 [J].计算机工程与应用，2011，47（13）：150–153.

[98] 石晶，范猛，李万龙.基于 LDA 模型的主题分析 [J].自动化学报，2009，35（12）：1586-1592.

[99] 彭云，万常选，江腾蛟，等.基于语义约束 LDA 的商品特征和情感词提取 [J].软件学报，2017，28（3）：676-693.

[100] 张培晶，宋蕾.基于 LDA 的微博文本主题建模方法研究述评 [J].图书情报工作，2012，56（24）：120–126.

[101] 石晶，李万龙.基于 LDA 模型的主题词抽取方法 [J].计算机工程，2010，36（19）：81–83.

[102] 唐晓波，房小可.基于文本聚类与 LDA 相融合的微博主题检索模型研究 [J].情报理论与实践，2013，36（8）：85–90.

[103] 陈晓美，高铖，关心惠．网络舆情观点提取的LDA主题模型方法[J]．图书情报工作，2015，59（21）：21-26．

[104] 张群，王红军，王伦文．词向量与LDA相融合的短文本分类方法[J]．现代图书情报技术，2016（12）：27-35．

[105] 张小平，周雪忠，黄厚宽，等．一种改进的LDA主题模型[J]．北京交通大学学报，2010，34（2）：111-114．

[106] 崔凯，周斌，贾焰，等．一种基于LDA的在线主题演化挖掘模型[J]．计算机科学，2010，37（11）：156-159，193．

[107] 彭敏，席俊杰，代心媛，等．基于情感分析和LDA主题模型的协同过滤推荐算法[J]．中文信息学报，2017，31（2）：194-203．

[108] 王博，刘盛博，丁堃，等．基于LDA主题模型的专利内容分析方法[J]．科研管理，2015，36（3）：111-117．

[109] 曾子明，王婧．基于LDA和随机森林的微博谣言识别研究——以2016年雾霾谣言为例[J]．情报学报，2019，38（1）：89-96．

[110] 范云满，马建霞．基于LDA与新兴主题特征分析的新兴主题探测研究[J]．情报学报，2014，33（7）：698-711．

[111] 谭春辉，熊梦媛．基于LDA模型的国内外数据挖掘研究热点主题演化对比分析[J]．情报科学，2021，39（4）：174-185．

[112] 王婷婷，韩满，王宇．LDA模型的优化及其主题数量选择研究——以科技文献为例[J]．数据分析与知识发现，2018，2（1）：29-40．

[113] 刘江华．一种基于kmeans聚类算法和LDA主题模型的文本检索方法及有效性验证[J]．情报科学，2017，35（2）：16-21，26．

[114] 谢昊，江红．一种面向微博主题挖掘的改进LDA模型[J]．华东师范大学学报（自然科学版），2013（6）：93-101．

[115] 吴江，侯绍新，靳萌萌，等．基于LDA模型特征选择的在线医疗社区文本分类及用户聚类研究 [J]．情报学报，2017，36（11）：1183–1191．

[116] 王少鹏，彭岩，王洁．基于LDA的文本聚类在网络舆情分析中的应用研究 [J]．山东大学学报（理学版），2014，49（9）：129–134．

[117] 胡勇军，江嘉欣，常会友．基于LDA高频词扩展的中文短文本分类 [J]．现代图书情报技术，2013（6）：42–48．

[118] 张晓艳，王挺，梁晓波．LDA模型在话题追踪中的应用 [J]．计算机科学，2011，38（S1）：136–139，152．

[119] 张涛，马海群．一种基于LDA主题模型的政策文本聚类方法研究 [J]．数据分析与知识发现，2018，2（9）：59–65．

[120] 欧阳继红，刘燕辉，李熙铭，等．基于LDA的多粒度主题情感混合模型 [J]．电子学报，2015，43（9）：1875–1880．

[121] 关鹏，王曰芬．基于LDA主题模型和生命周期理论的科学文献主题挖掘 [J]．情报学报，2015，34（3）：286–299．

[122] 池毛毛，潘美钰，王伟军．共享住宿与酒店用户评论文本的跨平台比较研究：基于LDA的主题社会网络和情感分析 [J]．图书情报工作，2021，65（2）：107–116．

[123] 秦晓慧，乐小虬．基于LDA主题关联过滤的领域主题演化研究 [J]．现代图书情报技术，2015（3）：18–25．

[124] 李保利，杨星．基于LDA模型和话题过滤的研究主题演化分析 [J]．小型微型计算机系统，2012，33（12）：2738–2743．

[125] 张柳，王晰巍，黄博，等．基于LDA模型的新冠肺炎疫情微博用户主题聚类图谱及主题传播路径研究 [J]．情报学报，2021，40（3）：

234–244.

[126] 陈嘉钰，李艳．基于 LDA 主题模型的社交媒体倦怠研究——以微信为例 [J]．情报科学，2019，37（12）：78–86．

[127] 杨萌萌，黄浩，程露红，等．基于 LDA 主题模型的短文本分类 [J]．计算机工程与设计，2016，37（12）：3371–3377．

[128] 冯时，景珊，杨卓，等．基于 LDA 模型的中文微博话题意见领袖挖掘 [J]．东北大学学报（自然科学版），2013，34（4）：490–494．

[129] 杨奕，张毅，李梅，等．基于 LDA 模型的公众反馈意见采纳研究——共享单车政策修订与数据挖掘的对比分析 [J]．情报科学，2019，37（1）：86–93．

[130] 高慧颖，刘嘉唯，杨淑昕．基于改进 LDA 的在线医疗评论主题挖掘 [J]．北京理工大学学报，2019，39（4）：427–434．

[131] 董放，刘宇飞，周源．基于 LDA-SVM 论文摘要多分类新兴技术预测 [J]．情报杂志，2017，36（7）：40–45，133．

[132] 余传明，张小青，陈雷．基于 LDA 模型的评论热点挖掘：原理与实现 [J]．情报理论与实践，2010，33（5）：103–106．

[133] 马柏樟，颜志军．基于潜在狄利特雷分布模型的网络评论产品特征抽取方法 [J]．计算机集成制造系统，2014，20（1）：96–103．

[134] 楚克明，李芳．基于 LDA 话题关联的话题演化 [J]．上海交通大学学报，2010，44（11）：1496–1500．

[135] 裴超，肖诗斌，江敏．基于改进的 LDA 主题模型的微博用户聚类研究 [J]．情报理论与实践，2016，39（3）：135–139．

[136] 徐佳俊，杨飏，姚天昉，等．基于 LDA 模型的论坛热点话题识别和追踪 [J]．中文信息学报，2016，30（1）：43–49．

[137] 郭蓝天，李扬，慕德俊，等．一种基于 LDA 主题模型的话题发现方法 [J]．西北工业大学学报，2016，34（4）：698-702．

[138] 刘娜，路莹，唐晓君，等．基于 LDA 重要主题的多文档自动摘要算法 [J]．计算机科学与探索，2015，9（2）：242-248．

[139] 邱均平，沈超．基于 LDA 模型的国内大数据研究热点主题分析 [J]．现代情报，2021，41（9）：22-31．

[140] 朱志北，李斌，刘学军，等．基于 LDA 的互联网广告点击率预测研究 [J]．计算机应用研究，2016，33（4）：979-982．

[141] 朱泽德，李淼，张健，等．一种基于 LDA 模型的关键词抽取方法 [J]．中南大学学报（自然科学版），2015，46（6）：2142-2148．

[142] 熊回香，叶佳鑫．基于 LDA 主题模型的微博标签生成研究 [J]．情报科学，2018，36（10）：7-12．

[143] 罗海蛟，柯晓华．基于改进的 LDA 模型的中文主观题自动评分研究 [J]．计算机科学，2017，44（S2）：102-105，128．

[144] 朱茂然，王奕磊，高松，等．基于 LDA 模型的主题演化分析：以情报学文献为例 [J]．北京工业大学学报，2018，44（7）：1047-1053．

[145] 李凤岭，朱保平．基于 LDA 模型的微博话题发现技术研究 [J]．计算机应用与软件，2014，31（10）：24-26，66．

[146] 刘萍，郑凯伦，邹德安．基于 LDA 模型的科研合作推荐研究 [J]．情报理论与实践，2015，38（9）：79-85．

[147] 王洪伟，高松，陆颐．基于 LDA 和 SNA 的在线新闻热点识别研究 [J]．情报学报，2016，35（10）：1022-1037．

[148] 王伟，周咏梅，阳爱民，等．一种基于 LDA 主题模型的评论文本情感分类方法 [J]．数据采集与处理，2017，32（3）：629-635．

[149] 王曰芬，傅柱，陈必坤．采用 LDA 主题模型的国内知识流研究结构探讨：以学科分类主题抽取为视角 [J].现代图书情报技术，2016（4）：8-19.

[150] 金苗，自国天然，纪娇娇．意义探索与意图查核——"一带一路"倡议五年来西方主流媒体报道 LDA 主题模型分析 [J].新闻大学，2019（5）：13-29，116-117.

[151] 林丽丽，马秀峰．基于 LDA 模型的国内图书情报学研究主题发现及演化分析 [J].情报科学，2019，37（12）：87-92.

[152] 曲靖野，陈震，胡轶楠．共词分析与 LDA 模型分析在文本主题挖掘中的比较研究 [J].情报科学，2018，36（2）：18-23.

[153] 何建云，陈兴蜀，杜敏，等．基于改进的在线 LDA 模型的主题演化分析 [J].中南大学学报（自然科学版），2015，46（2）：547-553.

[154] 刘俊婉，龙志昕，王菲菲．基于 LDA 主题模型与链路预测的新兴主题关联机会发现研究 [J].数据分析与知识发现，2019，3（1）：104-117.

[155] 张亮．基于 LDA 主题模型的标签推荐方法研究 [J].现代情报，2016，36（2）：53-56.

[156] 郑飞，韦德壕，黄胜．基于 LDA 和深度学习的文本分类方法 [J].计算机工程与设计，2020，41（8）：2184-2189.

[157] HAN J W，KAMBER M.数据挖掘：概念与技术 [M].范明，孟小峰，译．北京：机械工业出版社，2001.

[158] 易丹辉．数据分析与 Eviews 应用 [M].北京：中国统计出版社，2002.

[159] VAPNIK V N．统计学习理论的本质 [M].张学工，译．北京：清华

大学出版社，2000.

[160] 汪小帆，李翔，陈关荣.复杂网络理论及其应用 [M].北京：清华大学出版社，2006.

[161] 黄如花.信息检索 [M].2 版.武汉：武汉大学出版社，2010.

[162] WEI X，CROFT W B.LDA-based document models for ad hoc retrieval [C]//Proceedings of the 29th annual international ACM SIGIR conference on research and development in information retrieval. New York：ACM，2006：178–185.

[163] NALLAPATI R，COHEN W.Link-PLSA-LDA：a new unsupervised model for topics and infuence of blogs [C]// Second international AAAI conference on ceblogs and social media . Menlo Park：AAAI，2008.

[164] WEI X，CROFT W B.LDA–based document models for ad-hoc retrieval[C]//Proceedings of the 29th annual international ACM SIGIR conference on Research and development in information retrieval. NewYork：Association for Computing Machinery，2006：178–185.

[165] BLEI D M，NG A Y，JORDAN M I. Latent dirichlet allocation [J]. Journal of machine learning research，2003，3：993–1022.

[166] WU Q Q，ZHANG C D，HONG Q Q，et al. Topic evolution based on LDA and HMM and its application in stem cell research [J]. Journal of information science，2014，40（5）：611–620.